不良和特殊地质地段倒虹吸工程及渠道施工技术研究与实践

主　编　吕希宏　马全力
副主编　宋家东　苏保国　孙福全　杨慧勤
主　审　龙振球

黄河水利出版社
·郑州·

内 容 提 要

本书系统地阐述了不良和特殊地质地段的倒虹吸工程施工技术及其在南水北调中线一期总干渠施工中的应用。本书主要内容有综合说明、水利水电工程施工测量、围堰工程及施工导流和基坑排水、倒虹吸工程的地基开挖及地基处理、倒虹吸工程中混凝土工程的施工技术、砌石工程和护坡新技术的施工要求、倒虹吸渠道工程安全监测等七章。

本书是一部实用的科技图书和施工参考用书，可供从事水利水电工程的水工建筑专业的技术人员、监理和管理人员参考使用。

图书在版编目(CIP)数据

不良和特殊地质地段倒虹吸工程及渠道施工技术研究与实践/吕希宏，马全力主编. —郑州：黄河水利出版社,2012.6
ISBN 978 - 7 -5509 - 0284 - 8

Ⅰ.①不⋯　Ⅱ.①吕⋯　②马⋯　Ⅲ.①倒虹吸管 -工程施工　②渠道 - 工程施工　Ⅳ.①TV672　②U615

中国版本图书馆 CIP 数据核字(2012)第 123018 号

出　版　社:黄河水利出版社
　　　　地址:河南省郑州市顺河路黄委会综合楼 14 层　　邮政编码:450003
发行单位:黄河水利出版社
　　　　发行部电话:0371 -66026940、66020550、66028024、66022620(传真)
　　　　E-mail:hhslcbs@126.com
承印单位:黄河水利委员会印刷厂
开本:787 mm ×1 092 mm　1/16
印张:11.75
字数:310 千字　　　　　　　　　　印数:1—1 000
版次:2012 年 6 月第 1 版　　　　　　印次:2012 年 6 月第 1 次印刷
定价:35.00 元

前　言

不良地质地段是指滑坡，崩塌，岩堆，偏压地层，岩溶，高应力、高强度地层，松散地层，软土地段等不利于水利工程施工的不良地质环境。

特殊地质地段是指膨胀地层、软弱黄土层、含水未固结层、溶洞、断层、岩爆、流沙等地段及瓦斯溢出地层等。

不良和特殊地质地段的变异条件是非常复杂的。由于岩层(土层)的地质成因复杂，地质条件有突变性。设计文件所提供的地质资料、施工前所制订的施工方法和防范措施及对策，不可能自始至终完全符合实际情况，因此在施工过程中，应经常观察研究地层与地质条件的变化，及时排险，除遵守一般的技术和施工要求外，还应采取针对性较强的辅助施工方法，确保工程安全和质量。

南水北调中线一期工程总干渠全长 1 430 km，其中有 1/3 的渠道要穿越不良和特殊地质地段。不良和特殊地质地段易造成渠道及建筑物的失稳，对工程的安全施工和运行影响很大，因此在这类地段上建设工程十分困难。

20 世纪 70 年代初，我国科学家对不良和特殊地质地段工程问题的复杂性进行了一定的研究。鉴于当时的研究和认识水平不足，加之这类地质地段工程问题的复杂性，对土坡的破坏机理、稳定分析方法及工程的处理措施等重要方面始终未形成系统的和完整的理论体系。因此，对渠道及建筑物的施工质量控制缺少规范性的指导。

河南省水利第一工程局(简称河南省水利一局)郑州 1—1 标项目部的同志们，在高级工程师吕希宏的领导下，从工程开始就组成攻关小组，对该段不良和特殊地质地段的情况进行全面、系统的研究，以保证该段南水北调中线总干渠一期工程渠道和建筑物的安全。根据水利部、国务院南水北调办公室、南水北调中线干线工程建设管理局等部门的指导，项目攻关组多次对工程地质情况进行研究，反复推敲，在设计的基础上增加试验内容，多次修改施工方案，做到熟悉和了解地质条件、摸清不良和特殊地质地段的"古怪秉性"，以强烈的事业心和责任感完成施工。在贾鲁河及贾峪河两个倒虹吸工程及渠段的施工中，找到针对性的施工技术，对其基础处理采用 CFG 桩及挤密砂桩。基坑降水采用深井管，对渠坡稳固施工采用土工格栅加回填料处理、土工袋处理、复合土工膜处理、混凝土框格加植草处理、砌石拱处理等新技术，收到显著的效果，在本书中加以总结。

本书突出了"加强实践，培养能力，适应需要"的基本原则，注重应用能力和操作能力，突出理论联系实际和实用的特点，具有科学性、先进性、实用性及可操作性，是关于不良和特殊地质地段施工技术的主要参考书。

参加本书编写的人员有河南省水利第一工程局吕希宏、宋家东、孙福全、杨慧勤,河南省水利第二工程局马全力,河南省水利科学研究院苏保国。

在本书的编写过程中,多次得到有关专家的支持和帮助,但由于编者的水平有限,不足之处请读者批评指正。

编　者

2012 年 3 月

目 录

第一章　综合说明

南水北调中线一期工程总干渠沙河南—黄河南段是南水北调中线一期工程总干渠的第Ⅱ渠段，全长234.748 km。渠段起点为陶岔渠首至沙河南（总干渠Ⅰ）渠段的末端，设计桩号为SH0+000，终点位于黄河南岸即穿黄工程进口，设计桩号为SH234+748.128。渠线途经河南省平顶山市的鲁山县、宝丰县、郏县，许昌市的禹州市、长葛市，郑州市的中牟县、管城区、二七区、中原区、高新技术开发区和荥阳市，共3个省辖市，11个县（市、区）。渠道起止控制点设计水位分别为132.37 m和118.0 m，总水头差为14.37 m。沙河南起点设计流量为320 m³/s，加大流量为380 m³/s；末端即穿黄进口处设计流量为265 m³/s，加大流量为320 m³/s。

郑州1段工程，为南水北调中线一期工程总干渠沙河南—黄河南段工程的设计单元之一。工程位于河南省郑州市中原区境内，全长9 772.97 m。其工程概况、工程地质及水文地质介绍如下。

第一节　工程地质概况

一、地形地貌

南水北调中线一期工程总干渠郑州1段一标段位于河南省郑州市境内，起点桩号为SH201+000，终点桩号为SH206+000，线路总长5 000 m。地势总体是西高东低、北高南低。

SH201+000~SH203+000段地形地貌受贾鲁河和贾峪河的控制。由于贾峪河、贾鲁河的冲蚀作用及人工改造的影响，地形起伏较大。河谷两岸高程128.60~133.30 m，最大高差达4.7 m。

SH203+000~SH206+000段地形相对比较平缓，地面高程128.00~130.00 m。其间发育有多条小冲沟，以大李庄沟最大，在干渠轴线附近最大沟深达8 m，沟宽近50 m。

二、地层岩性

地层岩性由老到新依次为：中更新统冲洪积层、上更新统冲洪积层、全新统冲积层。

（一）中更新统冲洪积层

中更新统冲洪积层以棕黄、褐黄或浅棕红色粉质黏土、细砂和砂砾石为主，夹有重粉质壤土，厚4~28 m。粉质黏土、重粉质壤土多呈硬塑状，常见铁锰质浸染斑点、斑纹，并发育微裂隙。

含钙质结核，粉质黏土层之下钙质结核常富集成层，局部呈胶结状或半胶结状。钙质结核粒径一般为1~3 cm。该层主要分布于桩号SH204+825~SH206+000段，埋藏于上更新统之下，从北向南埋深逐渐加大。

（二）上更新统冲洪积层

上更新统冲洪积层沿渠线广泛出露，岩性为浅黄、褐黄色黄土状粉质壤土、重粉质壤土，局部夹有粉质黏土或粉质壤土透镜体、薄砂层或砂层透镜体。黄土状粉质壤土可分为黄土状轻粉质壤土、黄土状中粉质壤土、黄土状重粉质壤土。

黄土状轻粉质壤土主要分布于桩号 SH201+754～SH206+000 段，其厚度北薄南厚。南部受贾鲁河、贾峪河的影响，厚度变化较大。

黄土状重粉质壤土在本段均有分布，埋藏于黄土状轻粉质壤土、黄土状中粉质壤土之下，未揭穿，变化较大，中部较厚，两端较薄。

（三）全新统冲积层

全新统冲积层根据颜色和沉积规律分上、下两部分。上部以褐黄色黄土状轻粉质壤土、淤泥质砂壤土为主，下部以灰色和灰黄色的冲积砂壤土、轻粉质壤土为主。

1.全新统下部冲积层

全新统下部冲积层分布于河床、漫滩及阶地部位，下伏中更新统重粉质壤土。地层岩性为砂壤土、轻粉质壤土，其间夹有腐殖质、淤泥质轻粉质壤土和淤泥质砂壤土、薄砂层和砂砾石透镜体，岩性变化大。

2.全新统上部冲积层

全新统上部冲积层主要分布于贾鲁河、贾峪河的河床、漫滩部位，地层岩性以黄土状轻粉质壤土、淤泥质砂壤土为主，局部夹有砂和砂砾石透镜体，厚度变化大。

三、区域地质与地震动参数

本段近场区范围内的断裂晚更新世以来活动性较弱，不存在发生强震的构造条件。根据中国地震局分析预报中心编制的《南水北调中线工程沿线设计地震动参数区划报告》，本渠段沿线地震动峰值加速度为 0.10g，相应的地震基本烈度为 7 度。根据 2001 年版《中国地震参数区划图》（GB 18306—2001）中中国地震动峰值加速度区划图（1/400万）和中国地震动反应谱特征周期区划图（1/400 万），工程区地震动峰值加速度为 0.10g；地震动反应谱特征周期为 0.40 s。

第二节　水文地质

本区地下水按其赋存条件及性质可分为孔隙－裂隙水与孔隙水两种类型。

一、孔隙－裂隙水

孔隙－裂隙水主要分布于桩号 SH202+505 以北，由第四系上更新统黄土状重粉质壤土构成含水层，弱透水性，主要为潜水。

二、孔隙水

孔隙水主要分布于贾鲁河、贾峪河的河床、漫滩及一级阶地下部。含水层组由第四系全新统冲积成层的砂、砾卵石及粉质壤土组成，含水层主要接受河水补给，富水性好，受地层岩性变化影响,渗透性各向变化较大,具弱—中等透水性,桩号为 SH201 + 000 ~ SH202 +505段,为渠道穿越河谷段,地下水埋藏较浅。勘探期间地下水位 107.67 ~ 115.60 m,年内水位变幅一般 1.8 ~ 4.2 m。但地下水位的变化受降雨、季节、年际变化及河流地表水补给等的影响较大。若遇洪水或连续降雨,不排除地下水位超出上述变幅范围的情况。

另外,在遇连续降雨时极易形成上层滞水,影响边坡等的稳定。

本渠段地下水及地表水大部分属 $HCO_3 \cdot Ca$、$HCO_3 \cdot Ca \cdot Na$ 型及 $HCO_3 \cdot Ca \cdot Mg$ 型,矿化度一般小于 1 g/L,属淡水。除贾鲁河地下水及河水、贾峪河河水有一般酸性的弱腐蚀性外,其余地段地下水、地表水对混凝土一般无侵蚀性。

第三节 建筑物工程区的地质条件及地质评价

渠段内主要交叉建筑物有两座,即贾峪河河道倒虹吸和贾鲁河河道倒虹吸,各建筑物的具体地质条件如下所述。

一、贾鲁河河道倒虹吸

(一)地质条件

贾鲁河河道倒虹吸轴线与总干渠轴线交叉点桩号为 SH201 +441.12,交角55°。建筑物由进口斜坡段、管身段、出口斜坡段组成。在勘探深度范围内由上至下共分为 5 层。

(1)第一层以砂壤土为主,部分为淤泥质砂壤土,夹透镜状砾砂。分布于河床及漫滩,层底高程 104.28 ~ 106.05 m,总厚度 3.0 ~ 11.5 m。砾砂的砾石成分以钙质结核为主,其次为砂岩,砾石粒径一般 3 ~ 5 cm,最大 10 cm,次圆形,含量40% ~ 49%,泥质含量约20%,其余为粉细砂。淤泥质砂壤土呈软塑状,含有机质,压缩性高,呈透镜体状。

(2)第二层砂壤土:浅灰黄色,稍湿,见较多植物根系,土质不均,底部粉砂含量较高,含少量钙质结核。分布于 I、II 级阶地,厚度变化较大,厚 2 ~ 18.0 m,层底高程 101.25 m 左右。

(3)第三层黄土状轻壤土:浅棕黄色,可塑状,较均一,含少量钙质小结核,该层底部约 0.3 m 含砂和砾石,砂约占 30%,砾石约占 10%,其成分为灰岩和钙质结核,粒径 2 cm 左右。该层厚 18 ~ 32 m,层底高程 101.90 m 左右。

(4)第四层黄土状重粉质壤土:棕黄色,硬塑状,较致密,见铁锰质浸染斑纹,含钙质结核,粒径一般 1 ~ 3 cm,最大 6 cm,含量约 5%。该层厚 5.2 ~ 17.3 m,层底高程 93.06 ~ 96.28 m。

(5)第五层黄土状中粉质壤土:棕黄色,可塑状,偶见针孔状孔隙,含钙质结核,粒径一般 1 ~ 3 cm。该层未揭穿,揭露最大厚度 6.0 m。

(二)水文地质

场区地下水为第四系孔隙潜水,勘察期间河床地下水位 108.00 m,两岸地下水位 108.00 ~ 109.27 m。黄土状砂壤土为中等透水性,其余为弱—中等透水性。根据水质分析结果,地下水对混凝土具一般酸性型弱腐蚀。

（1）进口渐变段。开挖最大深度8.9 m，边坡主要由第一层砂壤土、砾砂层及淤泥质砂壤土组成，存在边坡稳定问题。勘察期间地下水位高于基底，砾砂夹层具中等透水性，存在基坑涌水问题。上部第一层砂壤土和砾砂夹层为可液化地层。

（2）倒虹吸管身段。边坡高度4.90~8.9 m，边坡由第一层砂壤土、砾砂夹层，第四层黄土状重粉质壤土组成，存在边坡稳定问题。勘察期间地下水位高于基底，存在基坑涌水问题。

（3）出口渐变段。边坡最大挖深达24 m，边坡由第一层砂壤土、淤泥质砂壤土，第二层砂壤土，第三层黄土状轻壤土组成，存在边坡稳定问题。勘察期间地下水位高于基底，存在基坑涌水问题。

二、贾峪河河道倒虹吸

（一）地质条件

贾峪河河道倒虹吸与总干渠交叉处桩号为SH202+216.25，与总干渠交角71.72°。倒虹吸建筑物由上游护坦段、进口斜坡段、管身段、出口斜坡段组成，总长219.6 m。勘察深度内地层岩性共划分六层：

（1）第一层人工填土，岩性主要为轻粉质壤土，厚度5.5~5.7 m，主要分布在贾峪河右岸、贾峪河与贾鲁河交汇的三角地带，为原贾鲁河水库坝体的一部分，现该坝已废除。另外，在贾峪河河床及漫滩中也有零星分布。

（2）第二层轻粉质壤土：黄褐色，见有蜗牛壳碎屑，局部夹砂壤土，厚3.0 m左右，层底高程105.36~107.00 m，主要分布于河床及漫滩表层。

（3）第三层轻粉质壤土：黄褐色，见有蜗牛壳碎屑，土质不均一，局部夹砂壤土、极细砂薄层和砾石透镜体，厚度一般3~6 m，局部较薄，主要分布于Ⅰ级阶地表层，层底高程103.23~106.44 m。

在该层高程105.61~106.49 m以上轻粉质壤土为灰色，含有大量腐殖质及植物根系，厚1.3~3.0 m，底部见有铁染现象并含有少量粒径0.5~3 cm的砾石。

在NBH65-15孔为砾石透镜体，厚1.9 m，砾石成分主要为灰岩、钙质结核，粒径一般0.5~2 cm，个别达3~5 cm，含量约55%，充填物主要为泥质和砂。

（4）第四层黄土状轻粉质壤土：褐黄色，具针孔状结构，见有白色钙质网纹、蜗牛壳碎片，零星含有钙质结核，粒径一般0.5~0.2 cm，个别达3~4 cm。土质不均一，局部为黄土状中粉质壤土、黄土状砂壤土。垂直裂隙发育，岸边可见宽1~5 cm、长3~8 m、深0.3~0.8 m裂隙。本层土主要分布于贾峪河、贾鲁河两侧台地地表，厚度16.5~18.8 m，层底高程101.26~104.00 m，河床处因后期腐蚀，厚度1.0~16.4 m。

（5）第五层黄土状中粉质壤土：棕黄色，局部为褐黄、棕红色，见有暗色铁锰质薄膜、斑点，含有少量钙质结核，粒径一般为0.5~3 cm，个别达4~6 cm，钙质结核分布不均一，局部富集。局部夹黄土状轻粉质壤土、黄土状重粉质壤土和粉质黏土。层底高程81.15~88.29 m，厚度13.6~18.0 m，地层分布稳定。

（6）第六层黄土状重粉质壤土：浅棕红色，可塑—硬塑状，见有暗色铁锰质薄膜、斑点，含有少量钙质结核，土质不均一，局部夹中粉质壤土，该层仅在退水闸孔揭露。揭露至高程 72.60～79.39 m,未揭穿。

(二)水文地质

第一层人工填土具中等透水性,第二、三层轻粉质壤土,第四层黄土状轻粉质壤土具弱—中等透水性;第五层黄土状中粉质壤土和第六层黄土状重粉质壤土具微透水性。勘察期间地下水位为 106.85～108.18 m。地下水对混凝土无腐蚀性,河水对混凝土具有一般酸性型弱腐蚀。

(三)工程地质条件评价

(1)上游护坦段、进口渐变段:最大开挖深度 6.9 m,存在边坡稳定问题。基础持力层为第二层轻粉质壤土,为可液化地层。

(2)倒虹吸管身段:最大开挖深度 9.4 m,存在边坡稳定问题。基础持力层主要为第五层黄土状中粉质壤土层,局部位于第四层黄土状轻粉质壤土中,两层土均具中等湿陷性。勘察期间地下水位高于基底,存在基坑降、排水问题。

(3)水文地质:场区地下水为第四系松散层孔隙潜水,主要赋存于黄土状重粉质壤土中,勘察地下水位为 99.08～101.20 m,地下水对混凝土无腐蚀性。

(4)工程地质条件评价:场区地层为黏性土均一结构,第一层黄土状砂壤土和第二层黄土状轻粉质壤土湿陷性为轻微—中等,湿陷深度一般为 8 m,湿陷起始压力 31～183 kPa,地基湿陷等级为Ⅰ级。第四、五层均可作为桩端持力层。

第四节　工程区主要工程地质问题

一、渠道边坡稳定性问题

本渠段渠道边坡开挖高度最高 20 m,均为土质边坡。由于开挖边坡较高以及受坡地层结构、抗剪强度、地表水入渗等因素的影响,存在边坡稳定性问题。

二、少黏性土地震液化问题

贾鲁河段(SH201 + 177～SH201 + 815)的液化土层为砂壤土,最大液化土层厚度 10 m,液化严重。

贾峪河段(SH202 + 129.5～SH202 + 347)的液化土层为轻粉质壤土、砂壤土,最大液化土层厚度 4 m,液化轻微。

三、黄土湿陷性问题

贾峪河、贾鲁河半挖半填段黄土状土湿陷深度为 6 m,在半挖半填及填方段,因在地层中增加了荷载,所以要对湿陷性黄土进行工程处理,消除湿陷变形。

退水闸基础持力层及中原西路分水口基础持力层均位于轻粉质壤土层,存在黄土湿陷性问题,地基土湿陷深度为 2～6 m。

建筑物桩基位于湿陷性黄土的地段时,应考虑黄土湿陷性对桩的侧摩阻力的影响。

四、基坑涌水问题

（1）贾鲁河河道倒虹吸：水平管身段基底高程 102.6 m，勘察期间地下水位高程 109.05 ~ 109.27 m，地下水位高于基底 6.45 ~ 6.67 m，且第一层的砾砂透镜体具强透水性，地下水与河水联系密切，存在基坑涌水问题，施工时应采取适宜的降、排水措施。贾鲁河为常性河流，施工时需进行导流，并尽可能避开汛期施工。

（2）贾峪河倒虹吸建筑物：水平管身段基底高程 102.40 m，勘察期间地下水位 106.85 ~ 108.18 m，地下水位高于基底 4.45 ~ 5.78 m。退水闸消力池设计底板高程 104.56 m，勘察期间地下水位 105.87 m，地下水位高于设计底板 1.31 m，存在基坑涌水问题，应采取适宜的降、排水措施，并对边坡进行防护处理。

五、沉降变形问题

渠道穿越贾鲁河的半挖半填段、填方段，穿越贾峪河的半挖半填段，最大填方高度分别为 11.89 m、13.98 m。贾鲁河地基持力层为砂壤土及淤泥质砂壤土、黄土状重粉质土，承载力及压缩性差异较大。

贾峪河倒虹吸退水闸、中原西路分水口持力层位于轻粉质壤土中，轻粉质壤土具高压缩性，轻微—中等湿陷性，闸基存在沉降变形问题。

六、冻胀问题

根据郑州站气象统计资料，本渠段最大冻土深度 27 cm，最早地面稳定冻结日期在 12 月 13 日，最晚开始解冻日期在 2 月 14 日，存在冻胀问题。

河南省水利一局郑 2 - 4 标项目部的领导和技术人员针对工程区存在的主要工程地质问题成立了科研小组。进行了现场调查研究，认为这段的地质情况属于不良和特殊地质地段。

（一）不良地质地段

不良地质地段是指滑坡，崩坍，岩堆，偏压地层，岩溶，高应力、高强度地层，松散地层，软土地段等不利于隧道施工的不良地质环境。不良地质地段的变异条件是非常复杂的。设计文件提供的地质资料、施工前所制订的施工方法和防范措施及对策，不可能自始至终完全符合实际情况，因此在施工过程中，应经常观察地层与地质条件的变化，勤检查支护与衬砌的受力状态，及时排险，防止突然事故的发生。

（二）特殊地质地段

特殊地质地段是指膨胀地层，软弱黄土地层，含水未固结的地层及流沙、溶洞、断层等地层。

特殊地质地段隧道由于地层的地质成因复杂，地质条件具有突变性，事故具有突发性，所以在特殊地质地段进行建筑物施工时，除遵守一般的技术要求外，还应采取针对性较强的辅助方法。在开挖施工中，由于各种因素的影响可能会发生土石方坍塌，渠道边坡受压支撑被压坏，倒虹吸衬砌结构断裂和各种特殊施工难题，严重影响施工进度、安全和质量。针对上述情况提出了不良和特殊地质地段及膨胀土地段，渠道边坡及建筑物开挖基坑、基础处理的思路和方法,为进一步解决不良和特殊地质地段的边坡稳定问题提供了有效的技术支持,解决了这一"拦路虎"给工程带来的困难。

七、针对不良地质问题的处理措施

(一)对不良地质地段的处理措施

1. 一般规定

首先收集沿渠线的地形、地貌、工程地质、水文地质、气象等资料,分别进行研究分析,为施工提供可靠的物理力学性质指标,找出地基沉降计算的数据,即

(1)主固结沉降 S_c 采用分层总和法计算。

(2)总沉降宜采用沉降系数 m_s 与主固结沉降计算:

$$S = m_s S_c \tag{1-1}$$

式中　S_c——主固结沉降;

　　　m_s——沉降系数,为经验系数,与地基条件、荷载强度、加荷速率等因素有关,其范围值为 1.1 ~ 1.7,应根据现场沉降观测资料确定,也可采用下面的经验公式估算:

$$m_s = 0.123\gamma^{0.7}(\theta H^{0.2} + VH) + Y \tag{1-2}$$

式中　θ——地基处理类型系数,地基用塑料排水板处理时取 0.95 ~ 1.1,用粉体搅拌桩处理时取 0.85,一般预压时取 0.90;

　　　H——渠堤基中心高度,m;

　　　γ——填料重度,kN/m^3;

　　　V——填土速率修正系数,填土速率为 0.02 ~ 0.07 m/d 时取 0.025;

　　　Y——地质因素修正系数,满足软土层不排水抗剪强度小于 25 kPa、软土层的厚度大于 5 m、硬壳层厚度小于 2.5 m 三个条件时,$Y = 0$,其他情况下可取 $Y = -0.1$。

(3)总沉降还可以由瞬时沉降 S_d、主固结沉降 S_c 及次固结沉降 S_s 之和计算:

$$S = S_d + S_c + S_s \tag{1-3}$$

(4)任意时刻地基的沉降量,考虑主固结随时间的变化过程,按下式计算:

$$m_t = (m_s - 1 + U_t)S_c \tag{1-4}$$

或　　　　　　　　　$$m_t = S_d + S_c U_t + S_s$$

式(1-4)中地基平均固结度 U_t 采用太沙基一维固结理论计算,对于由砂井、塑料排水板等竖向排水体处理的地基,固结度按太沙基－伦杜立克固结理论、轴对称条件固结方程在等应变条件下的解计算。

2. 稳定验算

不良地质的地基稳定验算一般采用瑞典圆弧滑动法中的固结有效应力法、改进总强度法,有条件时也可采用简化 Bishop 法、Janbu 条分法。验算时按施工期和营运期的荷载分别计算稳定安全系数。施工期的荷载只考虑渠堤自重,营运期的荷载包括渠堤自重、渠面的增重及行车荷载等。

3. 地基稳定性的控制标准

不良地质地基处治设计包括稳定处治设计和沉降处治设计,当计算的稳定安全系数小于表 1-1 的规定时,应针对稳定性进行处治设计。

表 1-1　稳定安全系数

指标	固结有效应力法		改进总强度法		简化 Bishop 法、Janbu 条分法
	不考虑固结	考虑固结	不考虑固结	考虑固结	
直接快剪	1.1	1.2			
静力触探、十字板剪			1.2	1.3	
三轴有效剪切指标					1.4

注:当需要考虑地震力时,稳定安全系数减少0.1。

(二)地基的加固措施

对于不良地质地段,经研究讨论有以下 8 种地基加固措施:

(1)在不良地质地段的地基地段均设置透水性水平垫层,厚度以 0.50 m 为宜。对于缺少砂砾的地区,可以将土工合成材料和砂砾垫层配合使用,以减小砂砾垫层的厚度。

(2)对渠堤可采用粉煤灰、泡沫聚苯乙烯(EPS)块等轻质材料填筑。采用 EPS 路堤时,应计算路堤的压缩变形和抗浮稳定性。

(3)渠堤加筋应采用强度高、变形小、耐老化的土工合成材料做路堤的加筋材料。

(4)反压护道可在路堤的一侧或两侧设置,其高度不宜超过路堤高度的 1/2,其宽度应通过稳定计算确定。

(5)排水固结法。

①应根据不良地质地段土层厚度与性质、渠段的高度(深度)稳定性与工后沉降控制标准、施工工期等,综合分析并确定采用砂垫层预压或袋装砂井(塑料排水板预压)或真空联合堆载预压的处理方案。

②应根据不良地质地段土层性质及施工工艺选定袋装砂井或塑料排水板或其他材料作为竖向排水体。竖向排水体宜按等边三角形布置,其长度由地段地基的稳定性和变形的要求确定。

③根据要求的工后沉降量或要求的地基固结度确定排水效果。

④采用真空预压法在地基中设置砂井或塑料排水板等竖向排水体,真空预压的密封膜下的真空度不宜小于 70 kPa。当表层存在良好的透气层以及在处理范围内存在水源补给充足的透水层等情况下,应采取切断透气层和透水层的措施。

(6)粒料桩(挤密砂石桩)。

①振冲粒料桩适用于十字板抗剪强度大于 15 kPa 的地基上,沉管粒料桩适用于十字板抗剪强度大于 10 kPa 的地基上。

②粒料桩的直径及设置间距应该稳定,沉降量计算后确定相邻桩的净距不应大于 4 倍桩径。

③计算没有粒料桩的复合地基整体抗剪稳定安全系数时,复合地基内振动面上的抗剪强度采用复合地基抗剪强度 τ_{ps}。该强度按下式计算:

$$\tau_{ps} = \eta\tau_p + (1 - \eta)\tau_s \tag{1-5}$$

$$\tau_s = \delta\cos\alpha\tan\varphi_c$$

$$\eta = 0.907\left(\frac{D}{B}\right)^2 \tag{1-6}$$

或

$$\eta = 0.785\left(\frac{D}{B}\right)^2 \tag{1-7}$$

式中　δ——滑动面处桩体的竖向压力,kN;

φ_c——粒料桩的内摩擦角,(°),桩料为碎石时可取38°,桩料为砂砾时可取35°;

η——桩对土的置换率,桩在平面上按等边三角形布置时按式(1-6)计算确定,桩在平面上按正方形布置时按式(1-7)计算确定;

τ_p——粒料桩抗剪强度,kPa;

τ_s——堤基土抗剪强度,kPa;

α——滑动面倾角,(°);

D、B——桩的直径和桩间距,m。

④粒料桩桩长深度内地基的沉降 S_z 按下式计算:

$$S_z = \mu_s S \tag{1-8}$$

$$\mu_s = \frac{1}{1 + (n - 1)} \tag{1-9}$$

式中　μ_s——桩间土应力折减系数;

n——桩土应力比,宜经试验工程确定,无资料时,n 可取 $2\sim5$,当桩底土质好、桩间土质差时,取高值,否则取低值;

S——粒料桩桩长深度内原地基的沉降值。

(7)加固土桩(CFG桩)。

①采用深层拌和法加固软土地基的十字板抗剪强度不宜小于 10 kPa,采用粉喷桩法加固软土地基时,深度不应超过 15 m。

②加固土桩的直径及设置深度、间距应经稳定验算确定,并应满足工后沉降的要求。相邻桩的净距不应大于4倍桩径。

③计算加固桩复合地基的整体抗剪稳定安全系数时,复合地基内滑动面上的抗剪强度采用复合地基抗剪强度 τ_{ps},该强度按下式计算:

$$\tau_{ps} = \eta\tau_h + (1 - n)\tau_s \tag{1-10}$$

$$\tau_{ps} = \eta\tau_p + (1 - n)\tau_s \tag{1-11}$$

式中符号意义同前。

④加固土桩的抗剪强度以 90 d 龄期的强度为标准强度,可按所取试验段的原状试件测无侧限抗压强度 e_M 的一半计算,也可按设计配合比由室内制备的加固土试件测得的无侧限抗压强度乘以折减系数0.3求得,即 $\tau_p = 0.3e_u$。

⑤加固土桩复合地基的沉降计算按复合地基加固地段的沉降量 S_1 和加固地段下断

层的沉降量 S_2 两部分来计算。加固地段的沉降量 S_1 采用复合压缩模量法计算,下断层的沉降量 S_2 采用压缩模量法计算。

⑥复合压缩模量(E_{ps})按下式计算:

$$E_{ps} = \eta E_p + (1 - \eta)E \qquad (1\text{-}12)$$

式中　E_p——桩体压缩模量,MPa;

　　　E——土体压缩模量,MPa;

　　　其余符号意义同前。

(8)强夯。

①饱和软黏土地基中夹有多层粉砂或采用在夯坑中回填块石、碎砾石、卵石等粒料进行强夯置换时,可以采用强夯法处理。

②强夯施工前,必须在施工现场选择有代表性的渠段进行试验以指导大面积施工。

③强夯的有效加固深度 d 可按下式计算:

$$d = a \sqrt{mh} \qquad (1\text{-}13)$$

式中　m——夯锤质量,t;

　　　h——夯锤落距,m;

　　　a——修正系数,与土质、地下水位、夯击能大小、夯锤底面积等因素有关,其范围为
　　　　　0.34~0.80,应根据现场试夯结果确定。

④夯点的夯击数(最佳夯击能)应根据现场试夯确定,并应满足下列条件,以夯坑的压缩量最大、夯坑周围地面隆起最小为原则,且最后两击或三击的平均夯沉量不大于50~100 mm。

⑤夯点可采用正方形或等边三角形布置,间距以 5~7 m 为宜。

⑥夯击遍数通过试夯确定。

(三)膨胀土地段的处理措施

膨胀土及其对工程病害问题的影响一直是当今国内外工程地质领域始终没能得到妥善解决的世界性技术难题。它具有渗透性差、吸水膨胀、失水收缩、多裂隙等特性,这对水利工程结构物的稳定将产生重大影响。因此,需从两方面进行研究:

(1)膨胀土的强度特性。膨胀土的抗剪强度是由颗粒间相互移动和胶结作用而形成的摩擦阻力所控制的,但由于膨胀土黏粒含量高,多含亲水性的蒙脱石类矿物成分,颗粒结构形式复杂,裂隙分布带有随机性,以及膨胀土与水系相互作用和胶结物质的存在,形成了复杂的物理化学现象。

(2)膨胀土的变形特征。膨胀土主要由一些亲水矿物(如蒙脱石、伊利石、高岭石等)组成,并表现为吸水膨胀软化,失水干裂即产生强烈的胀缩变形,因外加荷载与入渗或浸水共同作用下产生湿胀、湿化变形或外加荷载与蒸发风干、水位下降等共同作用下产生干缩变形。

研究后的对策是:采用分部分项工程施工方法及技术措施,渠道及倒虹吸工程主要的施工内容有土方开挖、土方回填、混凝土衬砌、浆砌石、干砌石、混凝土框格护坡、草皮护坡、复合土工膜铺设、排水等。

第五节 水工建筑物倒虹吸结构说明

南水北调中线一期工程总干渠沙河南—黄河南段郑州1—1标项目段,共有两座较大的跨河倒虹吸,即贾鲁河河道倒虹吸(总长224.2 m)、贾峪河河道倒虹吸(总长219.6 m)。其主要工程特征分别如表1-2和表1-3所示。

表1-2 贾鲁河河道倒虹吸工程特征

项目	单位	数量	说明
进/出口斜坡段长度	m	40.8/38.4	挡墙为重力式
管身段长度	m	145	
管身结构型式		箱型	
断面尺寸	m×m×m	3.8×4.5×4.5	
设计水头	m	0.89	

表1-3 贾峪河河道倒虹吸工程特征

项目	单位	数量	说明
进/出口斜坡段长度	m	36.8/32.4	挡墙为重力式
上游护坦段长度	m	30	
管身段长度	m	120	
管身结构型式		箱型	
断面尺寸	m×m×m	6×4×4	
设计水头	m	1.31	

(1)贾鲁河河道倒虹吸轴线与总干渠轴线交叉点桩号为SH201+441.12,交角为55°。建筑物由进口斜坡段、管身段、出口斜坡段组成。进口渐变段开挖深度最大,为8.9 m,边坡主要由第一层砂壤土、砾砂层及淤泥质砂壤土组成,存在边坡稳定问题。地下水位高于基底,砾砂夹层具中等透水性,存在基坑涌水问题。倒虹吸管身段边坡高度为4.90~8.9 m,水平管身段基底高程102.6 m,勘察期间地下水位109.05~109.27 m,地下水位高于基底6.45~6.67 m,且第一层的砾砂透镜体具强透水性,地下水与河水联系密切,存在基坑涌水问题,施工时应采取适宜的降、排水措施。贾鲁河为常性河流,施工时需进行导流,并尽可能避开汛期施工。

(2)贾峪河河道倒虹吸与总干渠交叉桩号为SH202+216.25,与总干渠交角为71.72°。倒虹吸建筑物由上游护坦段、进口斜坡段、管身段、出口斜坡段组成,总长219.6 m。上游护坦段、进口渐变段最大开挖深度6.9 m,存在边坡稳定问题。基础持力层为第二层轻粉质壤土,为可液化地层。倒虹吸管身段最大开挖深度9.4 m,存在边坡稳定问题。水平管身段基底高程102.40 m,勘察期间地下水位为106.85~108.18 m,地下水位高于基底4.45~5.78 m。退水闸消力池设计底板高程104.56 m,勘察期间地下水位105.87 m,地下水位高于设计底板1.31 m,存在基坑涌水问题,应采取适宜的降、排水措施,并对边坡进行防护处理。

贾鲁河、贾峪河河道倒虹吸的结构型式基本一致,具体如下:

进口渐变段底板混凝土强度等级为 C20W6F150 三级配,保护层厚度为 60 mm,锚固长度采用 45d(d 为钢筋直径,下同),结构缝宽 2 cm,在相邻部位各扣除 1 cm。

出口渐变段底板混凝土强度等级为 C20W6F150 三级配,保护层厚度为 60 mm,结构缝宽 2 cm,在相邻部位各扣除 1 cm。

进口渐变段钢筋接头均采用焊接,同一断面内钢筋焊接接头不应大于断面钢筋总截取面积的 50%。焊接长度为单面焊不小于 10d,双面焊不小于 5d。挡墙钢筋锚固长度均为 45d,其余要求一样。

管身段混凝土强度等级为 C30W6F150 二级配,结构缝宽 2 cm,在相邻部位各扣除 1 cm,钢筋均采用 II 级。混凝土的钢筋保护层厚度为 60 mm,钢筋连接采用焊接,钢筋直径 d≤38 mm 的焊接接头宜采用闪光对头焊或搭接焊。d>28 mm 的宜采用帮条焊,接头宜采用双面焊,钢筋的搭接长度不应小于 5d;施焊条件困难时也可用单面焊,钢筋的搭接长度不应小于 10d。钢筋接头按规范要求错开布置,结构边缘部位的钢筋间距可视实际情况适当调整。

管身段横向结构缝采用 A 型止水,其他部位结构采用 B 型止水,缝内采用闭孔泡沫塑料板填缝,结构缝迎水面采用聚硫密封胶嵌缝,深度为 3 cm,在素混凝土垫层上涂抹一层沥青后再浇筑管身混凝土。管身侧回填时,管身侧外壁涂两道黏土泥浆且边刷边填。管身两侧回填碎石土,碎石粒径 20~80 mm,碎石含量 35%,要求回填碎石土压实度达100%。对管身外回填塑性土的要求为,土料黏粒含量大于 20%,塑性指数大于 10。管顶土工格棚采用聚丙烯双向土工格棚,幅宽≥2.5 m,规格为 TGSG5050。每延米拉伸屈服力(纵横)≥50 kN/m,屈服伸长率(纵横)≤13%。回填砂砾料粒径 0.1~0.2 mm,连续级配小于 0.1 mm 的颗粒含量不大于 5%。倒虹吸管身段水泥土垫层采用 42.5 级,水泥掺入比取 15%,素混凝土垫层采用 C10(二级配)。碎石垫层采用粒径 0.1~20 mm 的级配石料,压实后相对密实度不小于 0.7。中槽内抛填物采用卵石片或块石,石料粒径不小于300 mm。要求石料坚硬,强度等级 M150,硬度 3~4,比重不小于 2.5 t/m³。遇水不易崩解和水解,抗风化。

管身段之间缝宽 20 mm,在相邻两节管身尺寸中各扣除 10 mm,管身段强度等级为C30W6F150(二级配)。管身段横向结构采用 A 型止水,其他部位结构缝采用 B 型止水,缝内采用闭孔泡沫塑料板填缝,结构缝迎水面采用聚硫密封胶嵌缝,深度为 3 cm。素混凝土垫层上涂抹一道沥青后再浇筑管身混凝土。管身两侧回填碎石土,碎石粒径 20~80 mm,碎石含量 5%,要求回填碎石土压实度达 100%。倒虹吸管身段水泥土垫层,水泥采用 42.5 级,水泥掺入比取 15%。

管身段混凝土强度等级为 C30W6F150(二级配),钢筋保护层厚 60 mm,钢筋直径 d≤28 mm 的焊接接头相采用双面焊,钢筋搭接长度不应小于 5d。出口渐变段底板混凝土强度等级 C20W6F150(三级配),保护层厚度为 60 mm,结构缝宽 2 cm,在相邻部位各扣除1 cm。出口渐变段挡墙钢筋接头均采用焊接,同一断面内钢筋焊接接头不应大于断面钢筋总截面面积的 50%,焊接长度为单面焊不小于 10d,双面焊不小于 5d。

第二章 水利水电工程施工测量

水利水电工程施工测量是为水利水电工程建设提供基本保障的重要工作,水利水电工程测量包括规划设计阶段的水利水电工程测量和施工阶段的水利水电工程施工测量。水利水电工程测量必须保证测绘成果的质量,应严格执行强制性条文中的各项技术要求。水利水电工程的施工测量是直接体现设计意图、实现工程质量的基本途径和质量基础,精度控制等则是基本要求。

第一节 施工测量人员应遵守的准则

为了使工程质量有据可查,保证质量,分清责任,避免安全事故和保证人民生命财产的安全,规定测量的施工人员应遵守下列准则:

(1)在各项施工测量工作开始之前,应熟悉设计图纸,了解有关规范、标准及合同文件的测量技术要求,选择合理的作业方法,制订测量实施方案。

(2)对所有观测数据应使用规定的手簿随测随记。文字与数字应力求清晰、整齐、美观,不得任意撕页,记录中间也不得无故留下空白页。对取用的数据均应由两人独立进行检查,确认无误后方可取用。对采用电子记录的作业应遵守相关规定。

(3)施工测量成果资料应进行检查、校核、整理、编号、分类归档,妥善保管。

(4)现场作业必须遵守有关安全操作规程,注意人身和仪器安全,禁止违章作业。

(5)用于施工测量的仪器和器具应定期递交具有计量检测资格的事业机构进行全面检定,并在检定有效期内使用。对于要求在测前或测后也应进行校核的仪器和器具,可参照相应的规定进行自检。

第二节 施工测量主要精度指标的规定

一、施工测量主要精度指标

施工测量主要精度指标如表 2-1 规定。

表 2-1 中各条款规定了水利水电工程施工测量的最终精度指标,为确保最终精度指标就要求必须使用合格的测量仪器,采用符合规定的方法,按照相应的限差要求测量出精度的平面控制和高程控制成果。它对保证水利水电工程施工质量作用重大。

二、混凝土建筑物轮廓点的放样测量要求

混凝土建筑物轮廓点的放样测量相对于邻近基本控制点的平面位置中误差和高程中误差均规定为 ±(20~30)mm,各种墙和洞身衬砌轮廓点放样测量平面位置中误差和高

程中误差分别规定为 ±25 mm 及 ±20 mm,护坡等轮廓点放样测量的平面位置中误差和高程中误差均为 ±30 mm。

表 2-1　施工测量主要精度指标

序号	项目	精度指标			说明
		内容	平面位置中误差(mm)	高程中误差(mm)	
1	混凝土建筑物	轮廓点放样	±(20~30)	±(20~30)	相对于邻近基本控制点
2	土石料建筑物	轮廓点放样	±(30~50)	±30	相对于邻近基本控制点
3	机电设备与金属结构安装	安装点放样	±(1~10)	±(0.2~10)	相对于建筑物安装轴线和相对水平度
4	土石方开挖	轮廓点放样	±(50~200)	±(50~100)	相对于邻近基本控制点
5	局部地形测量	地物点	±0.75(图上)	—	相对于邻近图根点
		高程注记点		1/3 基本等高距	相对于邻近高程控制点
6	施工期间外部变形观测	水平位移测点	±(3~5)	—	相对于工作基点
		垂直位移测点	—	±(3~5)	相对于工作基点
7	隧洞贯通	相向开挖长度小于 4 km	贯通面	横向 ±50 纵向 +100	±25	横向、纵向相对于隧洞轴线。高程相对于洞口高程控制点
		相向开挖长度 4~8 km	贯通面	横向 ±75 纵向 ±150	±38	

三、土石料建筑物轮廓点放样测量要求

土石料建筑物(如浆砌石、干砌石、土坡等)轮廓点的放样测量相对于邻近基本控制点的平面位置中误差规定为 ±(30~50)mm,高程中误差规定为 ±30 mm。碾压式堤上、下游边线及各种观测设备等的主要建筑物放样的平面位置中误差为 ±30 mm,是根据原始断面图上不大于 0.15 mm 的距离计算出的精度指标,内部设施及填料分界线放样精度要求不高,为 ±50 mm。

四、土石方开挖轮廓点的放样测量要求

土石方开挖轮廓点的放样测量相对于邻近基本控制点的平面位置中误差为 ±(50~200)mm,高程中误差为 ±(50~100)mm。覆盖层平面位置中误差为 ±250 mm,高程中误差为 ±125 mm。岩石平面位置中误差为 ±100 mm,高程中误差为 ±50 mm。钢筋保护层有较密集的预裂爆破孔的平面位置中误差为 ±(50~100)mm。

五、机电设备与金属结构的安装点的放样测量要求

机电设备与金属结构安装点的放样测量相对于建筑物安装轴线的平面位置,测量中误差规定为 ±(1~10)mm,相对水平度的高程测量中误差为 ±(0.2~10)mm。

六、局部地形测量要求

水利工程施工现场地形图测量精度为:地物点的平面位置中误差为图上 ±0.75 mm,高程的中误差为 1/3 基本等高距。

七、施工期外部变形观测要求

施工期间外部变形观测,水平位移测点相对于工作基点的平面位置中误差为 ±(3～5)mm,垂直位移测点相对于工作基点的测量误差为 ±(3～5)mm。

第三节 各种测量的质量控制

一、基本平面控制要求

基本平面控制中的二等基本平面控制按国家相应的规定、规范执行。三、四等基本平面控制与国家相应规范一致。基本平面控制点的点位中误差与相邻点位中误差不得超过 ±5 cm。

二、图根平面控制要求

由基本平面控制发展图根平面控制时,测量控制点的点位总误差在不考虑展点误差的情况下,一般由起始数据误差和测量本身误差组成:

$$m_{总}^2 = m_{起}^2 + m_{测}^2 \tag{2-1}$$

在控制总误差的变化不大于 1/10 的情况下,即得到:

$$\frac{m_{起}^2}{\alpha m_{测}^2} \leq 1/10 \tag{2-2}$$

式中 $m_{起}$——起始误差;

$m_{测}$——测量中误差;

$m_{总}$——总误差;

α——测角。

当 $m_{起} \leq 0.45$ m 时,凑整取 $m_{起} = 0.5$ m。

最后一个图根点对于邻近基本平面控制点的中误差不得大于 ±0.05/0.5 mm = ±0.1 mm(图上)。

三、测点平面控制要求

由图根平面控制发展测点平面控制的精度梯度与基本平面控制发展图根平面控制的精度梯度相同,即测站点对于邻近图根点的点位中误差不得大于 ±0.1/0.5 mm = ±0.2 mm(图上)。

四、高程控制测量的要求

高程控制可分为基本高程控制、图根高程控制和测点高程控制三级。

（1）基本高程控制：基本高程控制的一、二、三、四等水准与国家一、二等水准测量规范和国家三、四等水准测量规范的规定一致。

自四等高程控制发展五等高程控制采用三等水准发展四等水准的精度梯度，基本高程最弱点高程中误差不得大于 $\pm h/20$。当基本等高距为 0.5 m 时，不得大于 $\pm h/16$。

（2）图根高程控制：图根水准可按同等精度及路线长度在五等的基础上发展两次，路线长度仍沿用原规范的规定值。当采用 0.5 m 的基本等高距测图时，$m_h = \pm 45$ mm，则图根二级路线最弱点高程中误差为 $\pm h/11$ 或 $\pm h/10$。

（3）测点高程控制：测站点高程仍以 $1/\sqrt{2}$ 的精度梯度加密，当采用 0.5 m 基本等高距时测站点的高程中误差为 $\pm h/12 \times \sqrt{2} \times \sqrt{2} = \pm h/6$。

第四节　河南省水利第一工程局郑州 1—1 标段的施工测量技术要求

一、平面控制测量的技术要求

（一）一般规定

（1）平面控制网是施工测量的基准，必须从网点的稳定、可靠精度及经济等各方面综合考虑决定。

（2）建立平面控制网，可采用三角控制测量、各种形式的边角组合测量、导线测量及GPS 全球定位系统等测量方法。平面控制测量方法的选择应因地制宜，根据工程规模及放样点的精度要求确定，做到技术先进，经济合理。

（3）平面布置网可布设成测角网、边角组合网、GPS 网，等级划分为二、三、四等，导线网分为三、四等。各类型、各等级的平面控制网均可选为首级网，其适用范围见表 2-2。

表 2-2　各工程类型首级平面控制网适用范围

工程类型	控制网等级	
	混凝土建筑物	土石建筑物
大型水利工程	二、三等	三、四等
中型水利工程	三、四等	四等

注：有特殊要求的水利工程混凝土建筑物控制网也可选用一等，但应进行专门的技术设计。

（4）平面控制网的布设梯级可根据地形条件及放样需要决定，以 1～2 级为宜，但末级平面控制网相对于首级网的点位中误差不应超过 ± 10 mm。

（5）首级平面控制网的起始点应选在渠道轴线或主要建筑物附近，以保证在统一的控制系统中各区的相对严密性。

（6）首级平面控制网一般为独立网，在条件确保时，可与邻近的固定三角点进行联测，其精度不低于固定四等网的要求。

（7）平面控制网选点埋设及标志要求：

①平面控制网点应选在通视良好、交通方便、地基稳定且能长期保存的地方,视线离障碍物(距上、下和旁侧)不宜小于 105 m,并避免视线通过吸热、散热较快和受强电磁场干扰的地方(如烟囱、高压线等)。

②对于能够长期保存离施工区较远的首级平面控制网点,应考虑图形结构且便于加密。直接用于施工放样的控制点,则应考虑方便放样,靠近施工区并在主要建筑物的放样区组成有利图形。控制网点的分布应做到渠轴线下游的点数多于渠轴线上游的点数。

③首级平面控制网点和主要建筑物的主轴线点应埋设具有强制性归心装置的混凝土观测墩。加密网点中不便埋设具有强制性归心装置的混凝土观测墩时,可埋设钢架标、地面标等。

④各等级控制网点周围应有醒目的保护装置,以防止车辆或机械碰撞,有条件时可建造观测棚。

⑤观测墩上的照准标志可采用各式垂直照准杆、平面觇牌或其他形式的精确照准设备以防止车辆或机械碰撞。照准标志的形式、尺寸、图案和颜色,应与边长和观测条件相适应。

⑥强制性归心装置的顶面应埋设水平,其不平度应小于 4″。照准标志中心线与测墩标志中心的偏差不得大于 1.0 mm。

(二)光电测距的要求

1. 全站仪或测距仪标称精度

全站仪或测距仪标称精度表达式为

$$m_D = \pm (a + bD) \tag{2-3}$$

式中　a——标称精度固定误差,mm;

　　　b——标称精度比例误差系数,mm/km;

　　　D——测量距离,km。

2. 测距作业的技术要求

测距作业的技术要求,见表 2-3。

表 2-3　测距作业的技术要求

等级	测距仪标称精度(mm/km)	测距限差			气象数据			
		一测回读数较差(mm)	测回间较差(mm)	往返或光段较差(mm)	温度最小读数(℃)	气压最小读数(Pa)	测定时间间隔	数据取用
二等	±2	2	3		0.2	50	每边观测始末	每边两端平均值
三等	±3	3	5	$2\sqrt{2}(a+bD)$	0.2	50	每边观测始末	每边两端平均值
四等	±5	5	7		1.0	100	每边测定一次	测站端观测值

注:1. 光电测距仪一测回的定义为照准 1 次,测距离 4 次。

　　2. 往返较差必须将斜距化算到同一高程面上后方可进行比较。

3. 测距作业注意事项

(1)测距前应先检查电压是否符合要求,在气温较低的条件下作业时,应有一定的预热时间。

（2）测距时应使用相配套的反射棱镜，未经验证不得与其他型号的相应设备互换使用。

（3）测距应在成像清晰、稳定的情况下进行。雨、雪、雾及大风天气不应作业。

（4）反射棱镜背面应避免有散射光的干扰，镜面不得有水珠或灰尘污渍。

（5）晴天作业时，测站应用测伞遮阳，不宜逆光观测。严禁将仪器照准部的物镜对准太阳，架设仪器后，测站、镜站不得离人，出站时仪器应装箱。

（6）当观测数据出现分群现象时，应分析原因，待仪器或环境稳定后重新进行观测。

（7）通风干湿温度计应悬挂在测站附近，离地面和人体 1.5 m 以外的阴凉处，读数前必须通风至少 15 min，气压表要置平，指针不应滞阻。

（8）测距人员人工记录时，每测回开始要读、记完整的数字，以后可读、记小数点后的数字，厘米以下数字不得划改，米和厘米部分的读、记错误在同一距离的往返测量中只能划改一次。

4. 测距边的归算

（1）经过气象、加常数、乘常数改正后的斜距，才能化为水平距离。

（2）测距边的气象改正按仪器说明书给出的公式计算。

（3）测距边的加常数、乘常数改正应根据仪器检验的结果计算。

（4）光电测距边长和高程的各项改正值计算按规定要求。

（5）测距边的精度要求。

一次测量观测值中误差按下式计算

$$m_0 = \pm \sqrt{\frac{[Pdd]}{2n}} \tag{2-4}$$

对向观测平均值中误差按下式计算

$$m_D = \pm \frac{1}{2} \sqrt{\frac{[Pdd]}{2n}} \tag{2-5}$$

任一边的实际测距中误差按下式计算

$$m_{si} = m_D \sqrt{\frac{1}{P_i}} \tag{2-6}$$

式中　d——各边往、返测水平距离的较差，mm；

　　　n——测距边数；

　　　P_i——第 i 边距离测量的先验权。

（三）全球定位系统（GPS）测量的技术要求

施工平面控制网原则上均可利用 GPS 定位技术采用静态式进行测量。尤其是长距离的引水工程的控制测量更具有优越性。GPS 网按相邻点的平均距离和精度可划分为二、三、四等。在布网时，可以逐级布设、越级布设或布设同级全面网。

（1）各等级 GPS 网相邻点间弦长精度可按下式计算

$$\sigma = \pm \sqrt{a^2 + (bD)^2} \tag{2-7}$$

式中　σ——标准差，mm；

　　　a——固定误差，mm；

b——比例误差系数，mm/km；

D——相邻点间距离，km。

（2）各等级 GPS 网的主要技术指标见表 2-4，相邻点最小距离可为平均距离的 1/3 ～ 1/2，最大距离可为平均距离的 2 ～ 3 倍。

表 2-4　各等级 GPS 网的主要技术指标

等级	平均边长（m）	仪器标称精度		平均边长相对中误差
		a(mm)	b(mm/km)	
二等	500 ～ 2 000	≤5	≤1	1:250 000
三等	300 ～ 1 500	≤5	≤2	1:150 000
四等	200 ～ 1 000	≤10	≤2	1:100 000

（3）GPS 网宜布设为全面网，当需要增加骨架网加强控制网精度时，可布设常规网与 GPS 网的混合网。

（4）GPS 网的点与点之间不要求通视，但需考虑常规测量法加密及施工放样时的应用，设点应有一个以上的通视方向。

（5）GPS 网应由一个或若干个独立观测环构成，也可采用附合路线构成。各等级 GPS 网中每个闭合环构成或附合路线中的边数见表 2-5。非同步观测的 GPS 基线向量边应按所设计的网图选定，也可按软件功能自动挑选独立基线构成环路。

表 2-5　闭合环或附合路线边数的规定

等级	闭合环或附合路线的边数（条）
二等	≤6
三等	≤8
四等	≤10

（6）布设 GPS 网时，应与施工平面控制网中的已有控制点（尤其是起标点）进行联测，联测点数不得少于 3 个且最好能均匀分布于测点中，以便取得可靠的坐标转换参数。

（7）为了求得 GPS 网点的高程，网中应有分布均匀、密度适当的若干个高程联测点。联测点密度应采用不低于四等水准测量或与其精度相当的方法进行，联测的高程点数量按高程拟合曲面的要求确定。若工程所在部位已有二等或三、四等水准网点，则可用 GPS 方法选择水准网点中若干个点进行 GPS 观测，以求得施工区的高程。

（8）GPS 网点的选点、埋石除应遵守以上规定外，还应注意以下两点：

①点位应选在便于安置 GPS 接收设备、视野开阔的地方，被测卫星的地坪高角度应大于 15°。

②点位应远离大功率无线电发射源（如电视台、微波站等），其距离不得小于 200 m，并应远离高压线，其距离不得小于 50 m。

（9）GPS 接收机的选择，可根据 GPS 网的等级精度要求确定。对于二、三等 GPS 网的观测，应采用双频接收机，其标称精度不低于 ±（5 mm + 2 mm/km），同步观测的接收机不少于 8 台。对于四等网的观测,可采用标称精度不低于 $\pm(10\ mm + 2\ mm/km)$ 的单频接收机,同步观测的接收机不少于 2 台。

(10) GPS 观测应遵守下列规定:

①各等级 GPS 静态测量作业的基本技术要求见表 2-6。

表 2-6　各等级 GPS 静态测量作业的基本技术要求

等级	卫星高度角 (°)	有效卫星 数频	观测时段数 (个)	时段长度 (min)	数据采集间隔 (s)	几何强度因子 $PDDP$
二等	≥15	≥5	≥2	≥120	15	<5
三等	≥15	≥5	≥2	≥90	15	<6
四等	≥15	≥4	≥2	≥60	15	<8

②施测前应依照测区的平均经纬度和作业日期编制 GPS 卫星可见性预报表,根据该表进行同步观测环图形设计及观测时段设计,编制出作业计划进度表。

③GPS 网测量不观测气象元素,只记录天气情况。

④GPS 定向线的标志线应指向正北,对于定向标志不明显的天线,按统一规定的记号安置并指向正北,天线安置需严格对每时段观测前后各量取天线高一次,两次较差不大于 3 mm。

(11) GPS 外业记录应遵守的规定。

①记录项目应包括下列内容:

a. 测点地名、观测日期、天气情况、时段等。

b. 观测时间:包括开始与结束时间。

c. 接收机类型及其号码、天线号码、天线高度值测数。

②原始观测值和记事项目,应在现场记录,文字宜清楚、整齐、美观。

③各时段观测结束后,应及时将每天外业观测记录结果录入计算机硬盘或软盘。

④接收机内存数据文件在传输到机外存储介质上时,不得进行任何编辑、修改。

(12) GPS 数据处理的规定。

①GPS 网观测数据的质量检验内容:

a. 计算任一边同步环的坐标分量相对闭合差及全长相对闭合差,其值应满足表 2-7 的规定。

表 2-7　同步环坐标分量及环线长相对闭合差的规定

等级	限差类型	
	坐标分量相对闭合差	环线全长相对闭合差
二等	2.0×10^{-6}	3.0×10^{-6}
三等	3.0×10^{-6}	5.0×10^{-6}
四等	6.0×10^{-6}	10.0×10^{-6}

b. 异步环坐标分量、闭合差和全长闭合差应符合下式的规定：

$$[W_x], [W_y], [W_z] \leq |2\sqrt{n}\delta| \tag{2-8}$$

$$|W| \leq |2\sqrt{3n}\delta| \tag{2-9}$$

c. 复测基线的长度较差应符合下式的规定：

$$\mathrm{d}s \leq |2\sqrt{n}\delta| \tag{2-10}$$

式中　$[W_x]$、$[W_y]$、$[W_z]$——异步环坐标分量闭合差；

　　　n——异步环边数；

　　　δ——基线向量的弦长中误差；

　　　W——异步环全长闭合差，$W = \pm \sqrt{W_x^2 + W_y^2 + W_z^2}$；

　　　$\mathrm{d}s$——基线的长度较差。

②GPS 网的平差处理规定。

a. 基线概算中，起算点坐标的误差应保证在 20 m 以内。

b. 各项质量检查符合要求后，以所有独立基线组成 GPS 空间量网，并在 WGS - 84 坐标系统中进行三维约束平差。在无约束平差中，基线向量的改正数（$V_{\Delta x} V_{\Delta y} V_{\Delta z}$）绝对值均不应大于 3δ。

c. 在无约束平差确定有效观测量的基础上，在施工平面控制网的坐标系下进行二维约束平差。约束平差中，基线向量的改正数与无约束平差结果的同名基线相应改正数的较差（$d_{\Delta x} d_{\Delta y} d_{\Delta z}$）均不应超过 2δ。

d. 对于部分基线边因误差超限或因故不能按 GPS 测量方法进行施测时，在平差处理时可以用其他方法（测量的边长数据不低于相应精度要求）代替，其原则是应使平差计算精度更高。

e. 在 GPS 网平差后，各等级控制网点的点位中误差应满足相关规定。

二、高程控制测量的技术要求

（一）一般规定

（1）高程控制网是施工测量的高程基准，其等级划分为二、三、四等，各等级高程控制网均可选为首级网，选择时应根据工程规模和高程放样精度高低来确定，其适用范围见表 2-8。

表 2-8　首级高程控制网等级选择

工程规模	首级高程控制网等级	
	混凝土高程（建筑物）	土石建筑物高程
大型水利工程	二等	三等
中型水利工程	三等	四等

注：对于有特殊要求的水利工程，可布设一等水准路线网作为首级高程控制网。

（2）高程控制测量的精度应满足以下要求：最末级高程控制点相对于首级高程控制点的高程中误差：对于混凝土建筑物应不超过 ±10 mm，对于土石建筑物应不超过 ±20

mm。在施工区以外布设较长距离的水准路线时,应按《国家一、二等水准测量规范》(GB 12897—2006)和《国家三、四等水准测量规范》(GB 12898—2009)规定的相应等级精度指标进行设计。

(3)首级网和加密网应布设成闭合线、附合路线或节点网,不允许布设水准支线。首级网宜与国家水准点联测,其联测精度不宜低于四等水准测量的技术要求。

(4)高程控制点的点位选择和标石埋设应遵守下列规定:

①宜均匀布设在渠轴线上下游的左右岸,不受洪水施工影响,便于长期保存和使用方便的地点。高程控制点的密度要求在每一个单项工程部位至少有2个高程点。

②可以浇筑混凝土标石或埋设预制标石,可在裸露的岩石上或混凝土墙体上钻孔埋设金属标志,也可设置在平面控制点标志上。

③对于首级高程控制点,必须等标石稳定后才能进行水准测量。各等级高程控制点宜统一编号,高程控制点标志及标石埋设按规定要求。

④高程控制网建成以后应加强维护管理。随着工程进展及时加密网点,以满足施工的需要。应每年复测一次,当发现网点有被撞击的迹象或其周围有裂缝时应及时复测。

(二)水准测量的技术要求

水准测量的技术要求见表2-9。

表2-9　各等级水准测量的技术要求

等级	偶然中误差 $m_\triangle$ (mm/km)	全中误差 m_w (mm/km)	仪器标称精度 (mm/km)	水准标尺类型	观测方法	往返观测次数 (次)	观测顺序		往返测较差和线路闭合差(mm)	
							往测	返测	平丘地	山地
二等	±1	±2	±0.5 ±1	因瓦尺	光学测微法	1	奇数站:后前前后 偶数站:前后后前	奇数站:前后后前 偶数站:后前前后	$\pm\sqrt{L}$	$\pm 0.6\sqrt{n}$
三等	±3	±6	±1 ±3	因瓦尺或黑红面尺	光学测微法或中丝读数法	1	后前前后		$\pm 12\sqrt{L}$	$\pm\sqrt{n}$
四等	±5	±10	±3	黑红面尺	中丝读数法	1	后后前前		$\pm\sqrt{L}$	$\pm\sqrt{n}$

注:n 为水准路线单程测站数,每千米多于16站时按山地计算闭合差限差;L 为闭合或附合线路长度,km;仪器标称精度为每千米水准测量高差中数的偶然中误差。

各等级水准测量测站的技术要求如表2-10所示。

仪器及水准尺的技术要求见表2-11。

跨河水准测量测站的技术要求见表2-12。

表 2-10　各等级水准测量测站的技术要求

等级	仪器标称精度（mm/km）	视线长度（m）	前后视距较差（m）	前后视距累积较差（m）	视线离地最低高度（m）	基辅分划或黑红面读数较差（mm）	基辅分划或黑红面所测高差较差（mm）	上下丝读数的平均值与中丝读数的较差（mm）
二等	±0.5　±1	≤5	≤1	≤3	下丝读数≥0.3	≤0.4	≤0.6	1 cm 刻划尺≤3.0　5 mm 刻划尺≤1.5
三等	±1	≤100	≤2	≤5	三丝能读数	光学测微法≤1.0　中丝读数法≤2.0	光学测微法≤1.5　中丝读数法≤3.0	
	±3	≤75						
四等	±3	≤100	≤3	≤10	三丝能读数	≤3	≤5	

注:使用双摆位自动安平水准仪时不计算基辅分划读数差。

表 2-11　仪器及水准尺的技术要求

仪器标称精度（mm/km）	视准轴与水准管轴夹角(″)	自动安平水准仪安平精度(″)	水准尺类型	每米间距平均长与名义长之差（mm）
±0.5　±1	≤15	≤0.2	因瓦尺	≤0.1
±3	≤20	≤0.5	黑红面尺	≤0.5

表 2-12　跨河水准测量测站的技术要求

等级	仪器标称精度（mm/km）	视线长度（m）	仪器高变换次数（次）	两次高差较差（mm）
二等	±0.5　±1	≤100	1	≤1.5
三等	±1　±3	≤200	1	≤6
四等	±3	≤200	1	≤7

（三）水准测量注意事项

（1）水准观测应在标尺成像清晰、稳定时进行,并用测伞遮阴,避免仪器被暴晒。因瓦尺安置时用尺撑固定。

（2）将尺垫安置稳妥防止碰动。通知测站迁站时,后尺尺垫才能移动,严禁将尺垫安置在沟边或坑中。

（3）一测站观测时,不再次调焦,旋转仪器的倾斜和侧微螺旋时其最后均为旋进方向。

（4）测段的往测与返测,测站数均应为偶数,否则应加入标尺零点差改正。由往测转向返测时,两标尺必须互换位置,并应重新整置仪器。

（5）因测站观测限差超限,在迁站前发现可立即重测。若迁站后发现,则应从水准点或间歇点起始,重新观测。

（6）往返高程较差超限时应重测，二等水准重测后，应选用两次异向合格的结果。三、四等水准重测后，也可选用两次异向合格的结果。重测结果与原往返测量结果分别比较，其较差均不超限时，应取三次结果的平均数。

（7）使用自动安平水准仪时，读数前应按一下自动摆的按钮。

三、光电测距三角高程导线测量的技术要求

（1）高程控制测量中可以用光电测距三角高程导线测量代替三、四等水准测量，在跨越江河、湖泊及障碍物传递高程时可代替二等水准测量。

（2）光电测距三角高程导线测量的技术要求见表 2-13。

表 2-13　光电测距三角高程导线测量的技术要求

等级	仪器标称精度		最大视线长度		斜距测回数	天顶距					仪器高、棱镜高测量精度（mm）	对向观测高差较差（mm）	隔点设站两次观测高差较差（mm）	附合或环线闭合差（mm）
	测距精度（mm/km）	测角精度（"）	对向观测（m）	隔点设站（m）		指标差（"）		指标差较差（"）	测回差（"）				
						中丝法	三丝法							
三等	±2	±1	700	300	3	3	2	8	5	±2	$\pm 35\sqrt{S}$	$\pm 8\sqrt{S}$	$\pm 12\sqrt{L}$
	±5	±2			4	4	2						
四等	±2	±1	1000	500	2	2	1	9	9	±2	$\pm 45\sqrt{S}$	$\pm 14\sqrt{S}$	$\pm 20\sqrt{L}$
	±5	±2			3	3	2						

注：S 为斜距，km；L 为线路总长，km。斜距观测一测回为照准一次，测距离 4 次。

（3）天顶距观测的限差比较方法与重测规定。

①测回差的比较：同一方向由各测回各丝所测得的天顶距结果互相比较。

②指标差互差的比较：仅在一测回内各方向按同一根水平丝所计算的结果进行互相比较。

③重测规定：若一水平丝所测某方向的天顶距或指标差互差超限，则此方向须用中丝重测一测回，或用中丝法重测两测回。

（4）斜距采用测距仪或全站仪进行观测。测站上一目标测一测回的规则步骤如下：

①凉置仪器、棱镜、空盒气压计、通风干湿温度计至少 15 min，通风干湿温度计应挂在阴凉处并尽量与仪器同高，空盒气压计要置平，指针不应滞阻。

②精密整平仪器和棱镜，量取并记录仪器高和棱镜高。

③照准前视（或后视）棱镜测斜距 4 次，并读取气象数据，记录斜距、温度和气压值。

（5）采用全站仪进行光电测距三角高程导线测量时，可以直接测量斜距、平距和高差，其测量技术要求见表 2-13 中规定。斜距和天顶距测量要求按表 2-14 中斜距和高差测量要求执行。

表 2-14　全站仪测量斜距和高差的测回数要求

等级	仪器标称精度		斜距和高差的测回数	
	测距精度（mm/km）	测角精度（″）	盘左	盘右
三等	±2	±1	3	3
	±5	±2	4	4
四等	±2	±1	2	2
	±5	±2	3	3

注：一测回为照准一次，测距离和高差 4 次。

测站上一目标斜距和高差用盘左盘右各测一测回的操作步骤如下：

①将仪器按要求架稳后，打开仪器菜单，输入测站号、测点号、仪器高、棱镜高、温度、气压。

②盘左位置精确照准测点、棱镜中心或觇牌（觇牌标志中心应与棱镜中心同心），按 4 次测距键和记录键。

③盘右位置观测方向同前面所述。

（6）光电测距三角高程导线测量应遵守下列规定：

①高程路线应起迄于高一级的高程点，并组成附合路线或闭合环。

②隔点设站观测时，前后视线长度宜尽量相等，最大距离高差不宜大于 40 m，并应变换一次仪器高度，观测两次。

③当视线长度大于 500 m，照准目标有困难时，宜使用不小于 40 cm × 40 cm 的特别觇牌。

④全站仪观测斜距和高差时，当温度变化超过 1 ℃时，宜在重新输入温度后再进行一测回观测。

⑤当三角高程导线的长度短于估算的最短水准路线长度的 1/2 时，可将附合闭合限差放宽到原限值的 $\sqrt{2}$ 倍。

四、跨河光电测距三角高程测量的技术要求

（1）当光电测距三角高程导线测量路线跨越江河、湖泊，其视线长度超过表 2-13 的规定时，应按表 2-15 的规定执行。

（2）地点和图形的选择要求如下：

①宜选择在水准路线附近的河面最窄处，同岸的两点间距离为 10 ~ 20 m，且两点大约等高，与对岸点的高差宜尽量小。

②视线距水面的高度不得低于 3 m，不能满足要求时，应建造满足高度要求的牢固观测台。

③跨河光电测距三角高程测量的图形见图 2-1，其中二等测量时选用如图 2-1（a）所示的大地四边形布设场地，三、四等测量时选用如图 2-1（b）所示的平行四边形或如图 2-1（c）所示的等腰梯形布设场地。

表 2-15　跨河光电测距三角高程测量的技术要求

等级	仪器标称精度		最大视线长度(m)	天顶距					斜距				仪器高、棱镜高测量精度(mm)	往返观测数	往返测高差较差(mm)
	测距精度(mm/km)	测角精度(")		测回数		两次读数较差(")	指标差较差(")	测回差(")	测回数	一测回读数间较差(mm)	测回中数间较差(mm)	往返较差(mm)			
				中丝法	三丝法										
二等	±2	±1	600	6	3	2	8	4	4	5	7	$2\sqrt{2}(a+bS)$	±1	2	$\pm25\sqrt{S}$
三等	±4	±2	1 000	5	3	3	8	5	4	10	15		±2	1	$\pm35\sqrt{S}$
四等	±5	±2	12 000	4	2	3	9	9	4	10	15		±2	1	$\pm45\sqrt{S}$

注:a 为固定误差,mm;b 为比例误差,mm/km;S 为斜距,km。

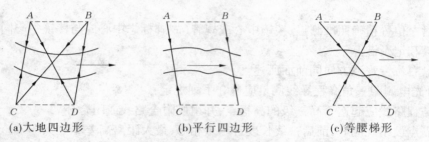

(a)大地四边形　　　　(b)平行四边形　　　　(c)等腰梯形

---不观测天顶距和距离,用同等级水准测量测定两点高差;

→天顶距和距离,需观测方向

图 2-1　跨河光电测距三角高程测量布置图($\overline{AB}\approx\overline{CD}\leqslant20$ m,$\overline{AC}\approx\overline{BD}$)

（3）二等跨河光电测距三角高程测量步骤如下：

①按图 2-1（a）布设过河场地。A、D 点埋设固定的混凝土水准标石,B、C 点埋设简易水准标石（也可打入截面 5 cm×5 cm、高 50 cm 的木桩,中间钉铁钉）。

②制作面板尺寸不小于 40 cm×40 cm 的特制觇牌,精确安装在反射棱镜上。

③按二等水准要求测量同岸两点（A、B 点或 C、D 点）之间的高差,并变换一次仪器高度再观测一次。

④在 A 点观测对岸 C、D 点上觇牌的天顶距 Z_{AC}、Z_{AD},中丝法测完 6 测回后,测距离 S_{AC}、S_{AD},测完 4 测回距离后搬至 B 点设站,同样方法在 B 点测量天顶距 Z_{BC}、Z_{BD} 和距离 S_{BC}、S_{BD}。B 站测完后仪器和觇牌相互调岸,分别在 C 点和 D 点测量 Z_{CA}、Z_{CB}、S_{CA}、S_{CB}、Z_{DA}、Z_{DB}、S_{DA}、S_{DB},这样完成第二组往返测。

⑤选择有利时段用同样的方法完成第二组往返测。

（4）三、四等跨河测量测距三角高程按图 2-1（b）或图 2-1（c）所示的图形布设过河场地。水准标石埋设、特制觇牌制作、同岸两点高差测量（只用三等水准即可）、天顶距和距离测量的方法同上所述。

（5）跨河光电测距三角高程测量应注意的事项：

①宜选择成像清晰和风力小的阴天进行观测。

②天顶距观测对垂直微动螺旋照准目标时,最后应为旋进方向。距离测量时,测站和镜站在每测回间应重新观测气象元素。

③往返观测应尽量在较短时间间隔内完成,三、四等跨河光电测距三角高程测量,在条件许可时,用两台仪器同时对向观测,即仪器架在 A 点观测 C 点,对岸仪器架在 D 点观测 B 点,待天顶距和距离测完后,A 点的仪器搬到 B 点观测 D 点,D 点的仪器搬到 C 点观测 A 点,二等跨河光电测距三角高程测量用两台仪器同时观测时,两台仪器均在同一岸同时观测对岸,观测完后仪器和觇牌相互调岸进行返测,再选一时段完成第二组往返测。

五、图根控制测量的技术要求

(1)图根点测量宜在施工区各等级控制网点下进行。

(2)图根点的精度以相对于邻近控制点的中误差来衡量。其中,点位中误差不应超过图上 ±0.1 mm,高程中误差不应超过测图基本等高距的 ±1/10。

(3)图根点的密度根据地形、采用的仪器和测量方法确定,其基本要求见表 2-16。

表 2-16   每幅图图根点数量要求

测图比例尺	每幅图图根点数量	
	采用测距仪、全站仪测量	采用平板仪、经纬仪测量
1:200	3	6
1:500	4	8
1:1 000	5	10
1:2 000	5	15

(4)图根点平面位置可在施工区各等级平面控制点上采用各种交会法,各种类型的导线及光电测距坐标法等方法测量,也可用 GPS 测量。

(5)图根点的高程可采用光电测距三角高程测量或 GPS 测量。

六、施工测量的要求

(一)测量放样准备工作

1.一般规定

测量放样的准备内容包括收集资料、制订放样方案、准备放样数据、选择放样方法、测设放样测站点和检验仪器测具等,并应对施工测量人员进行技术交底,明确测量技术要求和质量标准,并有书面技术交底记录。

2.收集资料与制订放样方案的要求

(1)测量放样前应具有施工区已有的平面和高程控制成果资料。

(2)根据现场控制网点是否稳定完好的情况对已有的控制网点资料进行分析,以确定全部或部分检测控制网点。

(3)对已有的控制网点不能满足精度要求时应重新进行布设;已有的控制网点密度

不能满足放样需要时应进行加密。

（4）测量放样必须按正式设计图纸、文件、修改通知进行。

（5）根据有关标准和测量的技术要求制订测量放样方案,测量放样方案应包括控制网点检测与加密、放样依据、放样方法、放样点精度、估算、放样作业程序、人员及设备等内容。

3. 放样数据准备工作

（1）应将施工区域内的平面控制点、高程控制点、重要轴线点、加密点等测量资料绘成简单图表,将设计图纸中各单项工程部位的工程坐标轴线、形体尺寸等几何数据编成数据手册,供放样人员查阅、使用。

（2）测量放样前,应根据设计图纸中有关数据及使用的控制点成果计算放样数据,必要时还需绘制放样草图。所有数据必须经过两人独立计算校核,采用计算机程序计算放样数据时,必须核对输入数据和数学模型的正确性。

（3）应准备格式规范的放样手簿,用于记录现场放样所取得的测量数据,放样记录手簿应设有如下栏目供放样时填写:

①工程部位、放样日期、仪器型号、仪器出厂编号。

②放样员姓名、观测员姓名、记录员姓名及检查员姓名。

③放样所使用的控制点名称、坐标值和高程值及所依据的设计图纸编号。

④放样过程中的实测资料等。

4. 选择放样方法和测量放样测站点的要求

（1）应根据放样点的精度要求和现场允许的作业条件选择技术先进和有可靠校核条件的放样方法。

（2）应利用邻近的控制点进行测量放样,在对放样点做精度估算时应考虑放样测站点的测设误差。

（3）测设放样点的要求如下。

采用全站仪坐标法测设放样测站时:

①放样测站点应能与至少两个已知点通视,以保证放样时有校核方向。

②测距边边长应小于已知后视边长,测距边应做相应的改正。

采用边角后方交会（自由设站）法测设放样测站点时:

①组成两（多）组交会图形分别进行坐标计算,测站点位之差应小于 $M_p/\sqrt{2}$（式中 M_p 为轮廓放样点相对于邻近基本控制点的限差）。

②观测边长应小于已知边长,测距边应做相应的改正。

采用测角前方交会法测设放样测站点时:

①组成两（多）组交会图形分别进行坐标计算,测站点位之差应小于 $M_p/\sqrt{2}$。

②交会角为 $50° \sim 120°$,交会边边长不超过 $400 \, m$。

采用轴线交会法测设放样测站点时:

①放样测站点偏离轴线不应超过 $M_p/\sqrt{2}$。

②除轴线点外观测的控制点宜对称分布在轴线两侧。

③组成两（多）组交会图形分别进行坐标计算,测站点位之差小于 $M_p/\sqrt{2}$。

采用测角后方交会法测设放样测站点时：

①选择控制点组成后方交会图形时,宜使用测站点位于已知点组成的三角形内。

②交会方向不少于 4 个,交会方向尽可能位于各象位。

③组成两(多)组交会图形分别进行坐标计算,测站点位之差应小于 $M_p/\sqrt{2}$。

(4)高程放样可采用水准测量或光电测距三角高程测量进行,其要求如下:

①对于高程放样中误差要求不超过 $\pm(5\sim10)$ mm 的部位,宜采用水准测量法。

②采用光电测距三角高程测量测设高程放样控制点时,应使用往返观测成果。

③采用经纬仪代替水准仪进行土建工程高程放样时:放样点高程控制点的距离不得大于 50 m。采用正、倒置平读数,并取正、倒读数的平均值进行计算。

④布设高程线路或高程放样时均应采用附合、闭合或变换仪器高度等方法进行校正。

(二)开挖、填筑及混凝土工程测量

1. 一般规定

开挖、填筑及混凝土工程测量内容包括:施工区原始地形图或断面图测绘、放样,测点的测设、开挖、填筑及混凝土工程轮廓点的放样,竣工地形图及断面图测绘工程量计算,已立模板、预制构件的检查、验收等。

放样测站是开挖、填筑及混凝土工程轮廓点放样的工作基点,可采用各种交会方法、导线测量方法或 GPS 定位方法进行测设。

(1)放样测站点点位限差的要求见表 2-17。

表 2-17　放样测站点点位限差　　　　　　　　　　　　　(单位:mm)

项目	点位限差	
	平面	高程
混凝土浇筑工程	±15	±15
土石方开挖、填筑工程	±35	±35

(2)各种曲线、曲面轮廓点的放样应根据设计要求及模板制作情况合理确定,放样点的位置和密度,曲线的起点、终点,折线的折点均应放出,曲面预制模板宜增放模板拼缝位置点,轮廓放样点的间距要求见表 2-18。

表 2-18　轮廓放样点的间距要求　　　　　　　　　　　　(单位:m)

建筑物类型	相邻点间最大距离	
	直线段	曲线段
混凝土建筑物	5～8	3～6
土石料建筑物	10～15	5～10

(3)建筑物轮廓点的放样可根据其精度要求采用各种交会方法、极坐标法、直角坐标法、正倒镜投点法或 GPS 实时动态定位(PTK)等方法进行。

(4)每次测量放样作业结束后,应及时对放样点进行检查,确认无误后填写测量放样单或测量检查成果表。

2. 开挖工程测量的技术要求

（1）开挖工程轮廓放样点的点位限差见表 2-19。

表 2-19　开挖工程轮廓放样点的点位限差　　　　　　　（单位：mm）

轮廓放样点位	点位限差	
	平面	高程
主体工程部位的基础轮廓点	±50	±50
主体工程部位的坡顶点非主体工程部位基础	±100	±100
砂石覆盖面开挖轮廓点	±150	±150

（2）开挖工程放样应测放出设计开挖轮廓点，并用明显标志加以标记。

（3）开挖工程高程放样可采用光电测距三角高程测量进行。

（4）在开挖过程中，应经常在预裂面或其他适当部位以醒目的标志标明桩号、高程和开挖轮廓点。

（5）开挖部位接近竣工时应及时测放基础轮廓点和散点高程，并将欠挖部位及其尺寸标于实地，必要时，在实地画出开挖轮廓线，以备验收。

（6）分部工程开挖竣工时，应及时测绘竣工地形图或断面图。

（7）对有地质缺陷的部位还应详细测绘地质缺陷地形图。

（三）填筑与混凝土工程测量要求

（1）混凝土预制构件拼装及高层建筑物中间平台的同一层平度测量限差为 ±3 mm。

（2）混凝土建筑物轮廓放样点的点位应距设计线 0.2 m、0.5 m 或 1.0 m 为宜。土石方填筑轮廓放样点的点位以设计位置为宜。

（3）填筑及混凝土建筑物轮廓放样点的点位限差见表 2-20。

表 2-20　填筑及混凝土建筑物轮廓放样点的点位限差　　　　（单位：mm）

建筑物类型	建筑物名称	点位限差	
		平面	高程
混凝土建筑物	主要水工建筑物(倒虹吸、水闸、桥涵等)的主体结构中各种导墙及渠内重要结构等	±20	±20
	其他如围堰、护坡、挡墙等	±30	±30
土石料建筑物	渠堤上、下游边线填料分界线等基础钻孔	±50	±50

（4）高层建筑物混凝土浇筑及预制构件拼装的竖向测量放样点的点位限差见表 2-21。

表 2-21　竖向测量放样点的点位限差　　　　　　　　（单位：mm）

项目	相邻两层中心线偏离限差	相对基础中心线限差
各种混凝土建筑物的构架立柱	±3	20
闸墩、桥墩、倒虹吸侧墙等	±5	±25

（5）混凝土建筑物的高程放样宜区别结构部位，满足各自不同的精度要求。

①对于连续垂直上升的建筑物，除了有结构变化的部位，都应满足各自不同的精度要求。高程放样的精度可低于平面位置的放样精度。

②对于溢流面、斜坡面及形体特殊的部位，其高程放样的精度宜与平面位置放样的精度一致。

③对于混凝土抹面层，有金属结构及机电设备埋件的部位，其高程放样精度宜高于平面位置的放样精度。

（6）特殊部位的模板架设立定后，应利用已放样的轮廓点进行检查，其平面位置检查精度为 ±3 mm，高程检查精度为 ±2 mm。

（四）放样点的检查注意事项

（1）所有放样资料由两人独立进行计算和编制。若使用计算机程序计算放样资料，必须核对程序和输入数据的正确性。

（2）选择放样方法时，应考虑校核条件，没有校核条件的方法（如极坐标法、两点前方交会法、三方向后方交会法等）必须在放样后采用异站的方法进行检查。

（3）对轮廓放样点进行校核的方法可根据不同情况而定，但应简单易行，以发现错误为目的，校核结果应记入放样手簿。外业检核以自检为主，放样与校核尽量同时进行，必要时可另派小组进行检查。对于放样时已利用多余条件自检合格的，可不再进行校核。

（4）对于建筑物基础块（第一层）的轮廓放样点，必须采用同精度的相互独立的方法全部进行校核，校核点与放样点的精度必须相同。用相互独立的方法进行全部检查，校核点与放样点的较差不应大于 $\sqrt{2}M_p$。

（5）对于同一部位轮廓放样点的检查，可采用简易方法校核，如大量相邻点之间的长度校核、点与已浇筑建筑物边线的相对尺寸检查，同一直线上的诸点是否在同一直线上等。

（6）对于形体复杂或结构复杂的建筑物，校核和放样宜采用同一组测站点。

（7）模板检查验收时，若发现检查结果超限或存在明显系统误差，应及时对可疑部分进行复测、确认。

（五）断面测量和工程量计算

（1）工程开工前，必须实测工程部位的原始地形图或断面图，施工过程中应及时测绘不同材料的分界线，并定期测绘收方地形断面图。工程竣工后，必须实测竣工地形图或竣工断面图，各阶段的地形图和断面图均为工程量计算和工程结算的依据。

（2）断面间距可根据用途、工程部位和地形复杂程度在 5～20 m 范围内选择有特殊要求的部位按设计要求执行。

（3）地形图和断面图的比例尺，可根据用途、工程部位范围大小，在 1:200～1:1 000 之间选择。主要建筑物的竣工地形图或断面图，其比例尺应选用 1:200，地质缺陷地形图应视面积大小确定比例尺，收方图的比例尺以 1:500 或 1:200 为宜，大范围的收方图的比例尺可选用 1:1 000。

（4）断面测量时，测点的精度要求如表 2-22 所示。

表 2-22　断面测量测点的精度要求　　　　　　　　　　（单位：mm）

断面类型	测点相对于测站点的限差	
	平面	高程
原始收方断面	±10	±10
土石方工程竣工断面	±5	±5
混凝土工程竣工断面	±2	±2

（5）断面测点间距应以能正确反映断面形状，满足面积计算精度要求为原则。测点间图上距离应不大于 3 cm，地形变化处应加密测点。断面宽度应超出工程部位边线 5～10 m。

（6）在实测的地形图上截取断面数据测绘断面图时，断面图的比例尺应不大于地形图的比例尺。

（7）施工过程中应定期测算已完成的工程量，工程量的计算应以测量收方的工程量计算成果为依据。

（六）渠堤测量的技术要求

渠道和堤线：新建、改建的渠道均应按规划和设计（定线）两个阶段进行测量。规划或设计阶段应沿渠堤的中心线按不同间距施测纵、横断面图，必要时，需测绘 1∶5 000 或 1∶10 000 比例尺的带状地形图，设计阶段需测绘 1∶2 000 比例尺地形图。

渠堤纵、横断面点和横断面的间距，应按阶段的不同而定，在任务书中规定，未作要求时可在表 2-23 中选择，但某些特殊部位还应加测横断面。

表 2-23　纵、横断面测量间距　　　　　　　　　　（单位：m）

阶段	横断面间距		纵断面间距	
	平地	丘陵地、山地	平地	丘陵地、山地
规划	200～1 000	100～500	基本点距同左，特殊部位应加点	
设计	100～200	50～100		

渠堤测量的中心导线点、中心线桩及横断面点的测量精度，应符合表 2-24 中规定。

表 2-24　中心导线点、中心线桩及横断面点的测量精度　　　　　　（单位：m）

点的类别	对邻近图根点的点位中误差		对邻近基本点高程控制点的高程中误差
	平地、丘陵地	山地、高山地	平地、丘陵地、山地、高山地
中心导线点或中心线桩	±2.0		±0.1
横断面点	对中心线桩平面位置中误差		±0.3
	±1.5	±2.0	

渠堤测量的平面控制可利用已有控制点、图根点建立施工导线,导线点宜与堤的起始桩、转折桩相结合,点位宜埋设稳定的标志。施工导线宜按四等导线的精度进行测量。

渠堤的高程控制不低于四等水准的精度,其高程控制可与平面控制共用标点。渠堤中线桩的平面位置测量放样限差为 ±200 mm,高程测量限差为 ±50 mm,所有中心桩应测有桩顶和地面高程。中心桩间距应视地形变化确定直线段为 30~50 m,曲线段为 10~30 m。横断面应垂直于渠堤中心线,每一断面的测量范围宜超出挖填区外边线 3~5 m,断面点之间的密度应能反映渠堤的实际地形和满足工程量计算的需要。在有水工建筑物倒虹吸、水闸、桥涵等的渠堤地段布设平面和高程控制时,应埋设至少 3 个施工控制点。

第三章 围堰工程及施工导流和基坑排水

围堰是一种用于围护修建水工建筑物基坑的临时性挡水建筑物,其作用是保证施工能在一定范围内的干地上顺利进行。因此,修建围堰除满足一般挡水建筑物的要求(如稳定性、相对不透水性、抗冲刷性等)外,还应满足充分利用地形条件,优选当地的建筑材料,使得堰体结构简单、施工方便,有利于拆除等要求。如能将围堰工程与永久性建筑物相结合,作为永久性工程的一部分,将对节省工程的总造价及缩短工期更为有利。

第一节 围堰的型式和种类

一、围堰的种类

根据所用的原材料不同,围堰可分为如下几种:草袋围堰、草土围堰、土石混合围堰、混凝土围堰及草土混合结构围堰。

(一)草袋围堰

围堰的双面或单面叠放盛装土料的草袋或者编织袋,中间夹填黏性土或在迎水面叠放装土草袋,背水面回填土石。这种围堰适用于施工期较短的小型水利工程的施工,如图3-1所示。

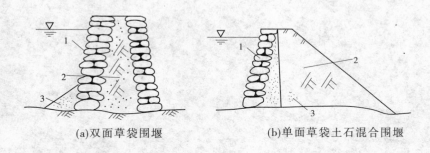

(a)双面草袋围堰 (b)单面草袋土石混合围堰

1—草袋盛土;2—回填黏性土;3—抛填土方压脚

图3-1 草袋围堰断面示意图

(二)草土围堰

草土围堰是一种草土结构,如捆草围堰、捆厢帚围堰等,所用草料为麦秸、稻草、芦柴、柳枝等,我国劳动人民自古以来常用它来堵河堤缺口。其优点是施工简单、进度快、取材易、造价低、拆除方便,有一定抗冲、抗渗能力。它主要适用于软土地基,且因柴草易腐烂,一般用于短期的或辅助性的工程中,如图3-2所示。

(三)土石混合围堰

土石混合围堰是用土与石渣等料混合填筑而成的一种围堰,它与草土围堰比较具有

· 34 ·

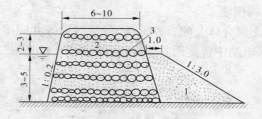

1—戗土;2—土料;3—草捆

图 3-2 草土围堰断面示意 （单位:m）

较大的抗冲刷性能,这使底部宽度偏小,可以在流量或流速较大的河流中进行抛填堆筑,必要时还可做成过水的围堰。这种围堰主要适用于施工期较长的大中型水利工程。但土石方围堰在拆除时需要用较大型的挖掘机械和专用的水下挖掘机械。采用这种围堰时,工地应有充裕的开挖石渣和土料可以利用,使之经济合理,如图 3-3 所示。

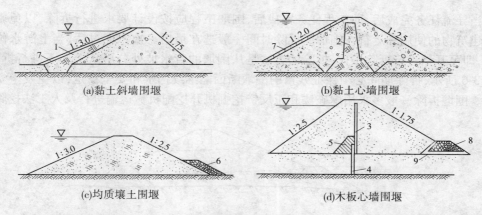

(a)黏土斜墙围堰 (b)黏土心墙围堰

(c)均质壤土围堰 (d)木板心墙围堰

1—斜墙;2—心墙;3—木板心墙;4—钢板桩防渗墙;5—黏土;6—压重;7—护面;8—滤水棱体;9—反滤层

图 3-3 土石围堰

（四）混凝土围堰

混凝土围堰常用于在基岩土上修建的水利枢纽工程中,这种围堰的特点是挡水水头高,底宽小,抗冲刷能力大,堰顶可溢流,尤其是在分段围堰法导流施工中,用混凝土浇筑的纵向围堰可以两面挡水,而且可与永久建筑物相结合作为坝体或闸室体的一部分,如图 3-4所示。

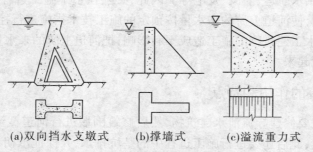

(a)双向挡水支墩式 (b)撑墙式 (c)溢流重力式

图 3-4 混凝土围堰断面示意

(五)草土混合结构围堰

这种围堰是用草土混合体及配合砂砾料,截流戗堤等共同组合而成的一种特殊的围堰,它在黄河青铜峡水电站中曾使用并获得很好的效果,如图3-5所示。

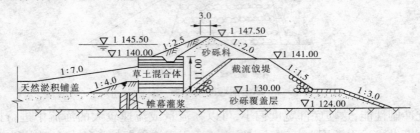

图3-5　青铜峡水电站草土混合结构围堰示意　(单位:m)

二、围堰的拆除方法

当导流任务完成后,即工程任务完成后,围堰工程应按设计要求进行拆除,以免影响永久建筑物的使用和运行。围堰的拆除时间一般选在最后一次汛期过后,当上游水位下降时,即可开始进行拆除工作,拆除的方法是从围堰的背水坡处分层从上至下进行拆除。如图3-6所示,拆除期间必须保证残留的围堰断面能继续挡水和安全稳定,以免发生安全事故。围堰拆除一般多采用爆破法和正反铲挖掘机开挖配机械运输进行及人工法挖除。

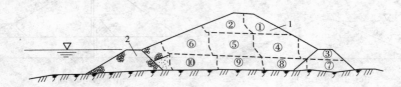

1—正向铲挖除;2—索式挖掘机挖除;①～⑩—拆除顺序

图3-6　土石围堰的拆除

第二节　施工导流

在河道及渠道上修建水利工程时,施工期间往往会与社会各行业对水资源综合利用的要求相矛盾,如供水航运、灌溉、发电等。因此,必须在整个施工过程中,对河道或渠道中的水流进行控制,使河道上游的来水量按预定的施工技术措施进行控制,创造干地施工条件,避免水流对水工建筑物的施工造成不利影响,把河道上游的来水量及渠道的水量全部导向下游或拦蓄起来。

一、施工导流的作用和特点

施工导流首先要修建导流泄水建筑物,然后修筑围堰进行河道截流迫使河水改由导流泄水建筑物下泄,此后还要进行施工过程中的基坑排水,并保证汛期在建的建筑物和基坑安全度汛。当主体建筑物修建到一定高程后,再对导流泄水建筑物进行封堵。因此,施工导流虽属临时工程，但在整个水利水电工程的施工中又是一项至关重要的单位工程，它不仅关系到整个工程施工进度及工程完成时间，而且对施工方法的选择、施工场地的布置以及工程的造价有很大影响。

为了解决好施工导流问题，在工程的施工组织设计中必须作好施工导流设计，其设计任务是：分析研究当地的自然条件、工程特性等来选择导流方案，划分导流时段，选定导流标准和导流设计流量，确定导流建筑物的型式、布置及构造和断面尺寸，拟订其施工方案，并通过技术措施进行技术比较，选择一个最经济合理的导流方案。

施工导流的基本方法可分为全段围堰法和分段围堰法两类。

(一) 全段围堰法导流

全段围堰法导流是指在河床外距主体工程轴线（如倒虹吸、水闸等）上下游一定的距离各修一道拦河堰体，使河道中的水流经河床外修建的临时泄水建筑物下泄，待主体工程建成时，再将临时建筑物堵死。

全段围堰法导流一般适用于枯水期流量不大、河道狭窄的中小型河流，按其导流泄水建筑物的类型可分为明渠导流、涵管导流等。

1. 明渠导流

明渠导流是在河岸或河滩上开挖渠道，在所要修建的建筑物上游和下游修建横向围堰，使河水或渠水流经渠道下泄，如图3-7所示。这种施工导流方法一般适用于岸坡或岸滩平缓地段，如有较宽的台地、垭口或古河道的地形时采用更为理想。

布置明渠导流，一定要保证明渠中水流顺畅、泄水安全、施工方便、渠线短。为此，明渠进出口处的水流与原河道主流的交角宜小于30°，为保证明渠中水流顺畅，明渠的弯道半径不宜小于3～5倍渠底宽度。渠道进出口与上下游围堰间的距离不宜小于50 m，以防止明渠进出口的水流冲刷围堰的堰脚。为了延长渗径，减少明渠中的水流渗入基坑，明渠与基坑之间要有足够的距离。导流明渠最好是单岸布置，以利于工程施工。

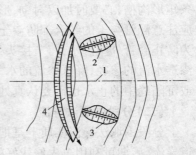

1—水工建筑物轴线；2—上游围堰；
3—下游围堰；4—导流明渠

图3-7　明渠导流

导流明渠的断面型式一般多采用梯形断面，在岩面完整、渠道不深时，宜采用矩形断面。渠道的过水能力取决于过水断面面积的大小和渠道的糙率，为了提高渠道的过水能力，导流明渠可进行混凝土衬砌，以减小糙率和提高抗冲刷能力。渠道的过水断面面积可按下式计算：

$$A = \frac{Q}{[u]} \tag{3-1}$$

式中　　A——明渠过水断面面积，m^2；

　　　　Q——导流设计流量，m^3/s；

　　　　$[u]$——渠道中的允许流速，m/s。

2. 涵管导流

涵管导流一般在修筑土坝、土堤等工程中使用，由于涵管的泄水能力小，因此一般用于导流流量较小的河流上或渠道上,只用于枯水期的导流,如图 3-8 所示。导流涵管通常布置在靠河岸边的河床台地上,进水口底板高程常设在枯水期最低水位以上,这样可以不修围堰或只需修建一个小小的子堰便可修建涵管。待涵管建成后,再在河床处建筑物轴线的上下游修筑围堰,截断河水使上游来水经涵管下泄。

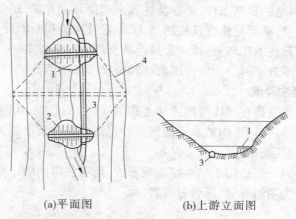

(a)平面图   (b)上游立面图

1—上游围堰;2—下游围堰;3—涵管;4—坝体

图 3-8   涵管导流示意

导流涵管一般采用门洞形断面或矩形断面型式,当河岸为岩基时,可在岩基中开挖一条矩形沟槽,必要时加以衬砌,形成矩形后加盖板变为涵管。为了防止渗流,回填土料时应注意涵管与土的结合部防渗土层要分层压(夯)实。若岸坡段为土,可开挖填设涵管,为防止涵管外壁渗水,每节接头处设置止水环,止水环与涵管连成一体同时浇筑,以延长渗透水流的渗径,降低渗流的水力坡降,减小渗流的破坏作用。此外,涵管本身的温度缝或沉陷缝中的止水也需要认真处理。

(二)分段围堰法导流

分段围堰法导流实质上是把施工导流分成前期导流和后期导流。前期由束窄的原河道导流,后期可利用事先修建好的泄水道导流。

1. 前期导流

为使各期工程量大体平衡,基本确定纵向围堰的位置。一期围堰将原河床束窄的宽度,通常用河床束窄程度系数 K 来表示,即一期围堰所占据原河床的过水面积 A_1 与原河床所占据过水面积 A_0 的百分比,即

$$K = \frac{A_1}{A_0} \times 100\% \tag{3-2}$$

K 值在确定了纵向围堰的结构和位置后才能计算,一般采用 40% ~ 60%。确定 K 值时,应考虑以下几个方面:

(1)导流过水能力的要求不但要满足一期导流,还要满足二期导流。

(2)河床地形、地质条件要充分利用滩地、河心洲作纵向围堰的基础和接头,并满足河床防冲、防淤的要求。

(3)尽可能利用现场的建筑物作为纵向围堰的一部分。

（4）围堰所围的范围力求使各期的施工能力与施工强度相适应，工作面的大小应有利于布置需要的施工机械设备。

（5）河床束窄后，过流断面流速增大值应控制在允许的范围内。

2. 后期导流

后期导流按其导流泄水建筑物的类型可分为底孔导流和坝体决口导流。

二、施工导流的标准和导流时段

（一）施工导流的标准

导流标准选择的目的是要确定施工期间上游的来水量，其计算方法是采用传统的数理统计方法，即引导上游的来水量作为随机时间，以频率的方式预估某一洪水重现期可能出现的水情，然后根据主体工程的等级，确定施工导流建筑物的级别，并结合施工期间流域的气象、水文特征，以及导流工程失事后对工程自身和下游两岸可能造成的损失，选定某一洪水重现期作为导流设计标准，根据《防洪标准》（GB 50201—94），水库工程的临时性导流建筑物的设计洪水标准如表 3-1 所示。

表 3-1　水库导流建筑物设计洪水标准划分

永久建筑物等级	I 、II	III、IV
导流建筑物等级	3	4
山区、丘陵区	50~30	30~20
平原区	20~10	10

（二）导流时段的划分

主要的不允许过水的建筑物施工期较长，需要跨越洪水期，其导流施工就要以全年为时段，导流流量采用导流标准中设计频率所对应的全年最大的洪水流量。若主要的建筑物不在修筑度汛断面，则导流时段可取汛期洪水到来前的时段，导流的设计流量也就可以取该时段内按导流标准选择的频率所对应的最大流量。这样可缩短围堰的使用期，降低围堰的高度，达到减少工程总造价的目标，又可以使主体工程安全度汛。

三、施工导流流量的确定

在导流标准和导流时段确定后，可以根据当地水文气象资料，参照以下方法确定施工导流流量。

（一）实测流量资料分析法

如当地有 15~20 年以上的实测资料，可以进行全年或分期的流量频率分析，也可按月取样作流量频率分析，再根据选定的导流标准和导流建筑物的类型，确定与拟定的导流时段相对应的导流设计流量，并在一年中取一个已知导流标准下的最大流量作为施工度汛的洪水。

（二）流量模数计算法

从当地的水文图集中可查得不同季节、不同频率（或重现期）的流量模数，然后可以

根据流量模数计算导流流量,其计算公式为

$$Q_{P导} = q_P F \tag{3-3}$$

式中　$Q_{P导}$——相应频率 P 时的导流流量,m^3/s;

　　　q_P——相应频率 P 时的流量模数,$m^3/(s \cdot km^2)$;

　　　F——集雨面积,km^2。

(三)雨量资料推算法

根据雨量资料推算施工期流量,但需要有当地或相邻地区 15~20 年以上的短期历时或 24 h 暴雨资料,进行按月、时段或全年的 24 h 暴雨或短历时暴雨频率分析,用推理公式推算流量。

一般枯水期总雨量小,短历时暴雨强度也较小,可以用 24 h 雨量按下式计算导流流量:

$$Q_{PCP} = 1\,000 C H_{24P} F/86\,400 = 0.011\,6 C H_{24P} F \tag{3-4}$$

式中　Q_{PCP}——相当于频率 P 的 24 h 平均流量,m^3/s;

　　　C——径流系数,根据集雨面积内地形、土质、植被好坏来选用,$C = 0.6 \sim 0.9$;

　　　F——集雨面积,km^2;

　　　H_{24P}——相当于频率 P 的 24 h 降雨量,mm。

也可以按下式估算流量:

$$Q_{PCP} = 1\,000 (H_{24P} - H_{24}) F/86\,400 = 0.011\,6 (H_{24P} - H_{24}) F \tag{3-5}$$

式中　$H_{24P} - H_{24}$——相应于频率 P 的 24 h 雨量再减去 24 h 稳定入渗水量。

丰水期最大洪峰流量可用下式计算:

$$Q_{maxP} = 1\,000 (i_{TP} - 1) F/3\,600 = 0.278 (i_{TP} - 1) F \tag{3-6}$$

式中　Q_{maxP}——频率 P 时的最大流量,m^3/s;

　　　F——轴线以上流域的集雨面积,km^2;

　　　i_{TP}——集流时间 T 相应频率 P 的暴雨强度,mm/h,1 mm/h 时为稳渗。

四、河南省水利第一工程局 1—1 标段项目部的施工导流方案

(一)导流工程的项目

导流工程的主要项目包括:

(1)施工期合同内项目安全度汛及防汛工作;

(2)贾峪河、贾鲁河倒虹吸工程作业区的导流工程;

(3)倒虹吸工程作业区上、下游横向围堰;

(4)建筑物及渠道的基坑降水与排水;

(5)施工期间的安全度汛措施;

(6)各期导流建筑物的拆除。

(二)导流标准

根据招标文件要求,施工导流建筑物按Ⅴ级建筑物标准设计,围堰采用 5 年一遇汛期导流标准。

（三）导流时段选择和导流程序

根据施工进度安排，拟在汛期导流并经过一个非汛期，在 2012 年 5 月 31 日前拆除围堰和导流渠。为保证过流流量和不增加淹没高程，导流流量：贾鲁河 127 m³/s，贾峪河 55 m³/s，淹没高程贾鲁河为 112.7 m，贾峪河为 110.45 m。考虑安全加高，贾鲁河围堰高程定为 113.4 m，贾峪河围堰高程定为 111.15 m。

（四）导流建筑物的设计

1. 围堰设计

贾鲁河倒虹吸围堰为全段土围堰结构型式，就近利用倒虹吸及导流明渠开挖土料填筑形成。

贾峪河倒虹吸导流围堰为全段土围堰结构型式，就近利用倒虹吸及导流明渠开挖土料填筑形成。

贾鲁河导流利用左岸河滩地开挖明渠，渠底高程 108.7 m，底宽 13.5 m，边坡为 1:2，填筑围堰堰顶宽 4 m，堰顶高程 113.4 m，迎水坡坡度为 1:2，坡脚处码装碎石粗砂混合料的编织袋，码放高度为 2 m，背水坡坡度 1:1.5。贾峪河导流利用左岸河滩地开挖明渠，渠底高程 108.0 m，底宽 8.5 m，边坡为 1:2，填筑围堰顶宽 4 m，堰顶高程 111.15 m。考虑地形因素，迎水坡坡度 1:2，坡脚处码放装碎石粗砂混合料的编织袋，码放高度为 2 m，背水坡坡度为 1:1.5。

2. 导流明渠泄洪量核算

1）贾鲁河导流明渠的流量计算

根据明渠均匀流公式 $Q = AC\sqrt{Ri}$，由于渠道设计成梯形断面，可通过下式进行多组试算：

$$h_{0m} = \left(\frac{Qn}{b^{8/3} i^{1/2}}\right)^{3/5} \times \frac{(1 + 2\sqrt{1 + m^2} h_{0m})^{2/5}}{1 + m h_{0m}} = F(h_{0m}) \tag{3-7}$$

式中 h_{0m} 初值用 1 代入，通过迭代计算求出 b。渠道进口高程为 108.7 m，出口高程为 108.4 m，h_0 取 4 m，流量为 5 年一遇洪水标准 127 m³/s，糙率系数取 0.022，坡度分别取 1:2、1:1、1:0.8、1:0.5 进行计算，并进行经济比较：

（1）坡度取 1:2 时，计算结果 $b = 13.5$ m，取 $b = 13.5$ m，则

$$A = \frac{(13.5 + 13.5 + 8 + 8) \times 4}{2} = 86 (\text{m}^2)$$

$$v = \frac{127}{86} = 1.48 (\text{m/s})$$

（2）坡度取 1:1 时，计算结果 $b = 15.07$ m，取 $b = 15.3$ m，则

$$A = \frac{(15.3 + 15.3 + 4 + 4) \times 4}{2} = 77.2 (\text{m}^2)$$

$$v = \frac{127}{77.2} = 1.65 (\text{m/s})$$

（3）坡度取 1:0.8 时，计算结果 $b = 20.35$ m，取 $b = 20.5$ m，则

$$A = \frac{(20.5 + 20.5 + 3.2 + 3.2) \times 4}{2} = 94.8 (\text{m}^2)$$

$$v = \frac{127}{94.8} = 1.34(\text{m/s})$$

（4）坡度取 1:0.5 时，计算结果 $b = 17.09$ m，取 $b = 17.3$ m，则

$$A = \frac{(17.3 + 17.3 + 2 + 2) \times 4}{2} = 77.2(\text{m}^2)$$

$$v = \frac{127}{77.2} = 1.65(\text{m/s})$$

对贾鲁河施工导流方案进行经济比较，选用坡度为 1:2，渠底宽度 $b = 13.5$ m。

2）贾峪河导流明渠的流量计算

根据明渠均匀流公式 $Q = AC\sqrt{Ri}$，由于渠道设计成梯形渠道，可以通过下式进行多组试算：

$$h_{0m} = \left(\frac{Qn}{b^{8/3} i^{1/2}}\right)^{3/5} \times \frac{(1 + 2\sqrt{1 + m^2} h_{0m})^{2/5}}{1 + m h_{0m}} = F(h_{0m})$$

式中 h_{0m} 初值用 1 代入，通过迭代计算求出 b。渠道进口高程为 108.0 m，出口高程为 107.5 m，h_0 取 2.45 m，流量为 5 年一遇洪水标准 55 m^3/s，糙率系数取 0.022，坡度分别取 1:2，1:1 进行计算，并进行经济比较：

（1）坡度取 1:2 时，计算结果 $b = 8.46$ m。

取 $b = 8.5$ m，$A = \dfrac{(8.5 + 8.5 + 4.9 + 4.9) \times 2.45}{2} = 32.83(\text{m}^2)$

$$v = \frac{55}{32.83} = 1.68(\text{m/s})$$

（2）坡度取 1:1 时，计算结果 $b = 9.40$ m。

取 $b = 9.6$ m，$A = \dfrac{(9.6 + 9.6 + 2.45 + 2.45) \times 2.45}{2} = 29.52(\text{m}^2)$

$$v = \frac{55}{29.52} = 1.86(\text{m/s})$$

对贾峪河施工导流方案进行经济比较，选用坡度为 1:2，渠底宽度 $b = 8.5$ m。

若在施工期间出现超过 $P = 20\%$，即超过五年一遇标准的洪水，在接到预报后，立即撤出基坑内的设备、材料，向基坑内充水平压，以避免洪水对围堰的直接冲刷破坏，待洪水过后，再抽出基坑内积水，清理基坑，恢复施工。

3. 围堰稳定计算

贾鲁河倒虹吸围堰堰顶高程 113.4 m，堰底高程 108.7 m，汛期设计流量 127 m^3/s，设计洪水位 112.7 m，迎水坡坡度 1:2，背水坡坡度 1:1.5。

依据《碾压式土石坝设计规范》(SL 274—2001)，设计洪水位正常使用期计算过程如下：

（1）土的孔隙率 n：

$$n = \frac{\rho_d(1 + w)}{\rho_w(1 + G_s)} = \frac{1.5 \times 1.113}{1.0 \times 3.69} = 0.45$$

（2）土的浮密度：

$$\rho_{浮} = \rho_d - (1-n)\rho_w = 1.5 - (1-0.45) \times 1.0 = 0.95(g/cm^3)$$

（3）土条的重度 W 的计算：

因围堰绝大部分位于设计洪水位以下，计算土条质量时采用土的浮密度，土条宽度以 2 m 计，共 8 个，则：

$$W = \rho_{浮} \times v \times g \tag{3-8}$$

计算结果如表 3-2 所示。

表 3-2　计算结果（一）

编号	①	②	③	④	⑤	⑥	⑦	⑧
$W(N)$	15 930	44 190	65 250	80 550	88 470	93 240	36 630	7 020

（4）土条底面的空隙压力 u 可由下式计算：

$$u = \bar{B}\left[\frac{w}{b}\right]L \tag{3-9}$$

式中　$\bar{B}$——空隙压力系数，取 1；

b——土条底边宽度；

w——天然含水率；

L——土条底边长度。

计算结果如表 3-3 所示。

表 3-3　计算结果（二）

编号	①	②	③	④	⑤	⑥	⑦	⑧
$u(N)$	0.255 9	0.245 6	0.243 1	0.248 1	0.261 4	0.286 0	0.337 6	0.434 2

（5）抗滑稳定系数 K（瑞典圆弧法）可按下式计算：

$$K = \frac{\sum(w\cos\alpha - \mu b\sec\alpha)\tan\varphi + Cb\sec\alpha}{\sum \sin\alpha w} \approx 1.27 \tag{3-10}$$

式中，土体的物理性能指标采用黄土状砂壤土的数值，其中 φ 取 24°，C 取 16。$K = 1.27 >$ 1.25，围堰设计尺寸符合堰体的抗滑稳定要求。同样计算得贾峪河倒虹吸的 $K = 1.27 >$ 1.25 的安全系数，故贾峪河围堰的设计尺寸符合堰体的抗滑稳定要求。

4. 围堰的施工方法

（1）测量放线。根据业主提交的测量水准点进行围堰的轴线、边线和高程放样，经复合无误后进行土方填筑施工。

（2）围堰填筑。采用从上、下游同时沿围堰轴线向河中进占的施工方法，围堰堰体利用倒虹吸基坑开挖土料混合料，反铲挖装 15~20 t，自卸汽车运输上料，填筑时分层铺筑，用推土机整平，20 t 振动碾分层碾压密实，分层厚度 40 cm，振动碾压实 6~8 遍。填筑用砂土料，要求不允许夹杂物、树根、草根及腐殖土等有害物质。

（3）围堰的拆除方案。围堰拆除采用 1.6 m³ 反铲配 15 t 自卸汽车运输，弃渣运送到监理工程师指定的位置堆放，有用料直接用于渠堤或倒虹吸的回填。

五、截流的基本方法

截流的基本方法有立堵法和平堵法两种。

如图 3-9 所示,立堵法截流是引导截流材料从龙口的一端向另一端或两端向中间抛投进占,逐步束窄龙口,直至合龙截断河床水流。截流材料通常用自卸汽车在进占戗堤的端部直接卸料入水中,个别巨大的截流材料也可用推土机推入龙口的水中。

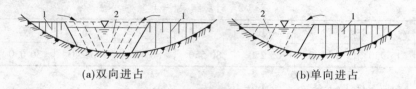

(a)双向进占　　　　　　　　　　　　　(b)单向进占

1—截流戗堤;2—龙口

图 3-9　立堵法截流

(1)立堵法截流的特点是不需架浮桥,准备工作比较简单,且造价低。但截流时,龙口逐渐束窄,龙口的过水断面减小,上游水位不断壅高。龙口的单宽流量增大,龙口的流速也相应增大而且流速分布不均匀,进占需逐步及时地抛投单个质量较大的截流材料。截流时,由于戗堤的工作前沿狭窄,抛投强度受到限制。由于汽车会车的需要,戗堤顶部宽度较大,整个断面面积大,需要比平堵法截流抛投更多的截流材料,截流的进度受到一定的影响。

立堵法截流适用于大流量、岩基或覆盖层较薄的岩基河床,对于软基河床,在采取护底措施后才能进行。

立堵法截流又分单戗和双戗立堵截流,单戗法适用于截流落差不超过 3 m 的情况。

(2)如图 3-10 所示,平堵法截流是沿整个龙口宽度全线抛投截流材料,抛投堆筑体从河床底部开始逐层上升直至筑体露出水面后再进行加高培原。为此,合龙前必须在龙口处架设浮桥。由于平堵截流是沿龙口全线均匀逐层地抛投,所以龙口的宽度在抛投截流材料的过程中基本不变,水力条件较好,一般用自卸汽车在架设好的浮桥上或施工栈桥上卸料。

平堵法截流的特点是龙口较宽,单宽流量小,截流过程中出现的最大流速也较小,且流速分布较均匀,截流材料的单个质量也小,可以全线抛投。在机械化施工程度较大的情况下,可以满足高强度抛投的需要,此方法用于平原软基河床,由于需要架设栈桥,不经济,一般情况下平堵法截流的造价要比立堵法高 1~2 倍。

在截流时可根据具体情况采用立堵法与平堵法进占形式相结合的截流方法为好。

(3)截流戗堤轴线及龙口位置的选择。截流戗堤轴线和龙口位置的选择对截流工作进行得顺利与否有着密切的关系。由于截流戗堤是土石围堰堰体的一部分,戗堤轴线可根据横向土石围堰的布置来考虑。一般戗堤的轴线应布置在略偏于围堰轴线靠迎水面的一侧,这样有利于利用基坑开挖的土石料对堰体加高培原。

龙口的位置可根据以下要求确定:从地形方面考虑,龙口周围应较宽阔,距临时堆放截流材料的场地较近且有足够的会车场地,以保证运输截流材料的运输强度。从地质方

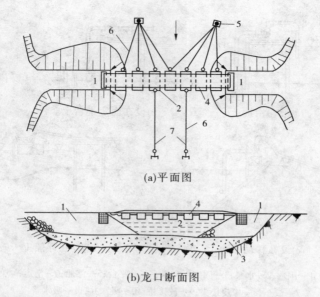

(a)平面图

(b)龙口断面图

1—截流戗堤;2—龙口;3—覆盖层;4—浮桥;5—锚墩;6—钢缆;7—铁锚

图 3-10　平堵法截流

面考虑,应力求龙口设置在覆盖层较薄及基岩裸露的河床段或有天然礁岛作裹头的部位以抗水流冲刷。从水流条件考虑,龙口应设置在正对主流的河床主槽处,以利水流下泄。龙口的宽度一般来说应尽可能宽一些,以减少抛投材料的用量,并缩短截流的时间,其宽度主要取决于戗堤夹窄河床后形成的水力条件,但必须以不引起水流对龙口底部和两侧裹头部位的冲刷为限。

第三节　基坑排水

当围堰闭合后,要排除基坑内的积水和渗水,随后在开挖的基坑中和进行基坑内建筑物的施工中,还要不断地排除基坑的渗水,以保证干地施工条件。因此,施工排水包括基坑开挖前的初期排水和水工建筑物施工过程中的经常性排水。

基坑的排水可分基坑初期排水、基坑明沟排水及暗式排水三种。

一、基坑初期排水

基坑初期排水是指排除基坑内的积水、围堰及基坑渗水、雨水等。这些水可采用固定式抽水站或浮动式抽水站将水抽到下游河道中去。初期抽水阶段基坑水位的允许下降速度需根据围堰的型式、基坑地基的特性及围堰填筑材料和坑内水深而定。水位下降速度过快,则围堰或基坑边坡中的动水压力变化过大,容易引起边坡坍塌;水位下降太慢,则影响基坑开挖时间,一般限制在 0.5 ~ 1.0 m/d 以内,对土围堰应小于 0.5 m/d,对板桩围堰应小于 1.0 m/d。如图 3-11 所示。

抽水设备选择与初期排水量有关,先要估算抽水流量 $Q_初$,即:

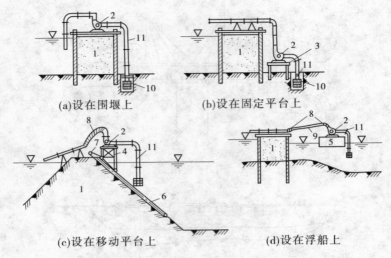

(a)设在围堰上   (b)设在固定平台上

(c)设在移动平台上   (d)设在浮船上

1—围堰;2—水泵;3—固定平台;4—移动平台;5—浮船;6—滑道;
7—绞车;8—橡皮接头;9—铰接桥;10—吸水井;11—吸水管

图 3-11　水泵站的位置

$$Q_初 = Q_积 + Q_渗 \qquad (3-11)$$

式中　$Q_积$——基坑内的积水量,即水位下降速度乘基坑积水面积;

　　　$Q_渗$——抽水过程中不断下降渗入基坑的流量。

根据实际工程经验统计分析,初期抽水量可按下式估算:

$$Q_初 = (2 \sim 3)\frac{V}{T} \qquad (3-12)$$

式中　$Q_初$——初期排水量,m^3/s;

　　　V——基坑中积水体积,m^3;

　　　T——抽水时间,s;

　　　$2 \sim 3$——系数,初期抽水量是围堰内积水量的 $2 \sim 3$ 倍。

二、基坑明沟排水

基坑明沟排水是指基坑开挖和主体建筑物施工过程中经常性的排渗水、雨水和施工过程中的水。

在基坑开挖过程中,坑内应布置明式排水沟系统(包括排水沟、集水井和水泵站),应以不妨碍交通运输为原则,可结合运土方便,在中间或周围一侧布置排水沟。随着开挖工作的进行逐层设置,而在建筑物修建过程中排水沟应布置在轮廓线外,如图 3-12 所示。排水沟一般以 2% ~5% 的底坡通向集水井,并且距离基坑边坡脚不小于 0.3 ~0.5 m。集水井应布置在建筑物轮廓线外较低的地方,它与建筑物外缘的距离必须大于井深,井深应低于排水沟底 1 ~2 m,井的容积至少能贮存 10 ~15 min 的抽水量。

三、暗式排水

当基坑为细砂土、砂壤土等地基时,随着基坑底面的下降,坑底与地下水位的高差越来越大,在地下水的动水压力作用下,容易产生滑坡、坑底管涌等事故,给开挖工作带来不良影响。

采用暗式排水即可避免以上缺点。暗式排水的基本做法是在基坑周围设置一些井,地下水渗入井中即被抽排到基坑外,使基坑范围内的地下水降到坑底面以下。暗式排水可分为管井法和井点法两种。

(一)管井法

管井法排水是在基坑四周布置一些单独工作的管井,地下水在重力作用下流入井中,如图3-13所示,将水泵或水泵的吸水管放入井内抽水,抽水

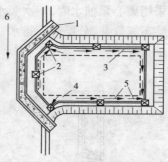

1—围堰;2—集水井;3—排水沟;
4—建筑物轮廓线;5—排水方向;6—水流方向
图3-12　修建建筑物时基坑排水系统布置

设备有离心泵、潜水泵和深井泵等。当要求大幅度降低地下水位时,最好采用离心式深井泵,它属立轴多级离心泵。深井泵一般适用的深度大于20 m,其排水效果较好,需要管井数较多。

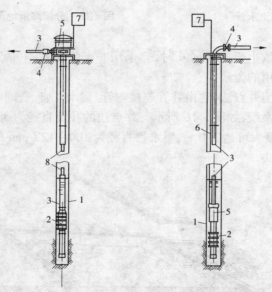

(a)电动机装在地面上　　(b)电动机装在深井中

1—管井;2—水泵;3—压力管;4—阀门;5—电动机;
6—电缆;7—配电盘;8—传动轴
图3-13　装置深井水泵示意

管井由滤水管、沉淀管和不透水管组成,管井外部有时还需要设反滤层,地下水从滤水管进入管内,水中泥沙则沉淀在沉淀管中。滤水管是其中的重要组成部分,其构造对井的出水量及可靠性影响很大,要求它具有过水能力大、进入泥沙少,并具有足够的强度和耐久性,如果3-14所示。网式滤水管管井的埋设可用射水法、振动射水法、冲击钻井法等,先埋设套管,然后在套管中插入井管,井管下好后,再一边下反滤料,一边拔起套管。

采用离心泵抽水时,一次吸水高度不超过 5~6 m,当需降低地下水位的深度较大时,可分层布置管井,分层进行排水,见图3-15。

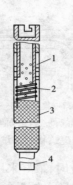

1—多孔管;2—绕成螺旋状的铁丝;

3—铜丝网;4—沉淀管

图 3-14　管式滤水管

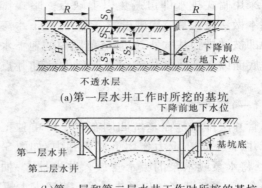

(a)第一层水井工作时所挖的基坑

(b)第一层和第二层水井工作时所挖的基坑

图 3-15　分层降低地下水位布置图

(二)井点法

当土壤的渗透系数小于 1.0 m/d 时,宜采用井点法排水。井点法分为浅井点、深井点、喷射井点等,最常用的为浅井点。

浅井点法又称轻型井点法,它由井管连接弯管、集水总管、普通离心式水泵、真空泵和集水箱等组成的排水系统,如图3-16所示。井点法的井管直径为 38~55 mm,长 5~7 m,间距为 0.8~1.6 m,最大可达 3.0 m,集水管直径为 100~127 mm 的无缝钢管,管上装有与井点管连接的短接头。

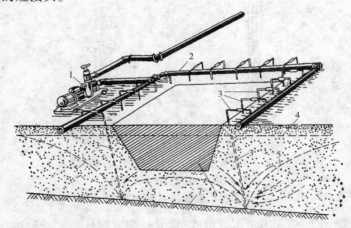

1—(带真空泵和集水箱的)离心式水泵;2—集水总管;3—井管;

4—原地下水位;5—抽水泵水面降落曲线;6—基坑;7—不透水层

图 3-16　井点法降低地下水位布置图

井管的埋设常采用射水法下沉在距孔口 1.0 m 范围内,须堵塞黏土密封,井管与总管的连接也应注意密封,以防漏气。

四、河南省水利第一工程局郑州1—1标段项目部的施工降、排水方案

(一)施工期的基坑排水

总体要求贾鲁河倒虹吸及贾峪河倒虹吸的建基面在水位线以下。基坑排水主要包括,基坑初期排水、经常性排水及施工期的基坑降水等。

1.基坑初期排水、经常性排水

(1)基坑初期排水。根据贾鲁河、贾峪河两倒虹吸的现场实际情况,结合水文地质资料分析,基坑初期排水主要为围堰截流闭合后的基坑水的排除。基坑积水量在主河床围堰截流合龙后排水总量约4 500 m³,选用IS125 – 100 – 200型水泵2台,布置在下游围堰堰顶,计划2～3 d排干。

(2)经常性排水。包括围堰堰体与基础的渗漏水,施工期降水为施工过程中的生产废水等,通过排水明沟至地表集水坑中集中抽排。

根据气象水文资料,施工期降水量不大,另外生产废水排量也不大,因此在每个施工作业面基坑中轴线两侧各布置一个集水坑,每个集水坑中布置1台小型潜水泵,选用QD×10 – 15 – 0.75型。

2.施工期的基坑降水

(1)降水井的布置。沿基坑周围布置降水深井,其间距10 m,井深35 m。布置4眼降水管井和3眼观测管井,如图3-17所示。

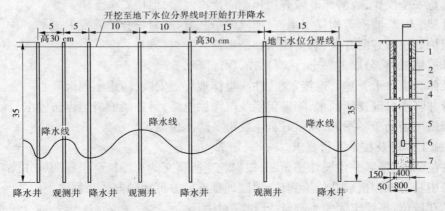

(a)管井降水试验平面布置图   (b)管井结构图

1—黏土填筑;2—100 g/m² 土工布;3—5～20 mm 碎石滤料;

4—无砂混凝土管;5—钢管;6—深水泵;7—5～20 mm 碎石滤料

图3-17 管井降水试验平面布置图 （单位:m）

(2)降水井的施工方法。用小型钻机成孔,钻孔直径300 mm,钻孔孔深在建筑物开挖深度以下50 cm。当钻孔钻到要求位置并清孔后,在孔底50 cm处回填砂、砾滤水垫层,然后下井管。周边用3～15 mm的砾石填充作为过滤层,离地面0.5 m范围内用黏土回填并夯实。

(3)施工工艺,如图3-18所示。

(4)降水施工要点。

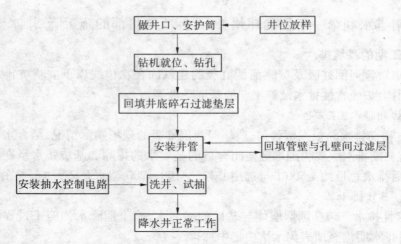

图 3-18　降水施工工艺

①做好准备工作:做好抽水试验,分析水文地质条件,使井位、井深、滤管长度、标高设计合理可靠。

②超前降水,降水领先,开槽在后。在施工过程中始终保持干槽作业,降水速度超前于挖槽速度。地下水位降至槽底以下 0.5 m 之后才能开始挖槽,并在施工过程中始终保持这一水位。

③注意安全操作,查清地下障碍物和地面供电线路,保持安全距离。

④骨架、支撑、滤网等均仔细检查,加以保护扎紧,滤料符合滤管要求。

⑤保护好已做好的井点,防止泥水和杂物流入井点管中。

⑥分层填滤料,分层封黏土,认真操作,保证降水效果。

⑦泵体与进水干管总管连接紧密,在一整体地坪上安装,防止不同沉降。

⑧管井降水保证连续抽水,除采用系统电源供电外,另备柴油机组以防停电。

⑨若施工期处于冬季,必须做好全系统设备防冻保温。

(5)施工程序及技术质量要求。

①井位测放:按照井位设计平面图,根据业主所移交的现场控制坐标测放井位。若由于地下障碍物等原因造成井位不到位,报监理批准后方可在轴向适当移位。

②钻孔就位:平稳牢固勾头磨盘,孔位三对中。

③钻孔:钻进过程中,垂直度控制在1%以内,钻至设计深度后方可终孔。

④清孔:终孔后应及时进行清孔,确保井管到预定位置。

⑤下井管:采用水泥混凝土管,管底用井托封闭。井管要求下在井孔中央,管顶应露出地面 50 cm 左右。

⑥成孔后填砾料,用塑料布封住管口。填砾料时应用铁锹铲砾均匀抛撒在井管四周,保证填砾均匀、密实。

⑦洗井:在填砾料和黏土结束后应立即洗井。可采用大泵量的潜水泵进行洗井,洗井要求破坏孔壁泥皮,洗通四周的渗透层。

⑧置泵抽水:洗井抽出的水浑浊含沙,应沉淀排放,当井出清水后进行抽水泵安装,以

待进行抽水试验。

（6）降水试验施工保证措施。

①施工质量保证措施：现场成立降水管理组，由专业技术人员进行现场管理，对施工过程的施工质量进行严格控制。布设降水井时要精确放样，保证井间距符合设计要求。对进场的各种材料进行复检，要严格检查机械设备的完好率，并在施工期保证连续供电，避免因停电而造成井管内水位上升影响施工。降水井在成井后和降水期间，井口应加设井盖，防止落入杂物；在井位插警示标志，防止其他施工对井管造成损坏，并由专人进行维护。现场必须备不少于 2 台潜水泵，现场降水人员随时检查水泵的工作情况，及时更换运转不良的水泵。加强观测工作，对地下水位、水流动态、地面沉降等进行翔实记录，并及时进行汇总分析。

②雨季施工措施：雨季应具有临时用电措施，并建立健全现场临时用电管理制度和电工值班巡查制度，落实临时用电管理人员，明确其职责。施工现场用电应严格按照明用电安全管理规定，配电箱要采取防雨雪措施，并安装漏电保护装置。所有电动机具、机械、电气设备必须由专职电工或持证的操作人员进行操作和维修，非电工或操作人员不得随意动用机电设备。雨天要遮盖各种机电设备，随时检查，并做好施工用电常识安全技术交底。电工要做好值班及维修日记。

③机械管理措施：建立健全现场雨季施工机械的管理制度，落实机械管理人员，明确其职责。所有机械必须由专职操作人员操作和维修，按操作规程操作，严禁非操作人员随意动用机械。机械管理人员必须对操作人员做安全技术交底，并做好记录。所有机械做好使用及维修保养记录，必须每天检查，确定机械设备的安全使用，操作人员应做好交接班记录。

④料具管理措施：建立健全的现场料具管理制度，落实料具管理人员，明确其职责，现场料具必须按规定的位置堆放，严禁乱堆乱放，并根据进度要求提出材料需要计划，及时组织进场。凡雨天运输困难的材料，要考虑有一定量的储备，防止出现停工待料现象。石料集中堆放，并用苫布遮盖，同时做好周边的排水工作，以防止施工时堵塞料管。每道工序完工时必须做到"工完料净场清"。

⑤安全防护措施：建立健全安全领导小组和安全管理制度及措施。施工前应进行技术安全交底，施工中应明确分工，统一指挥，设专人负责。施工现场用电严格按照用电安全管理规定，加强电源管理，预防发生电器火灾。对基坑周边进行检查，发现隐患及时上报，并加强该地段的安全防护措施。

⑥技术资料管理：降水井洗完井后，应及时检查降水井实际深度并做好记录，降水期间应每天检查抽水情况。资料填写字迹清楚工整，内容符合要求，签字手续齐全。每天的观测记录按甲方和监理要求报送。施工前进行技术交底和安全交底，施工中明确分工，统一指挥，设专人负责。

3. 降水试验

1）试验目的

为保证降水施工经济有效，应进行前期的降水试验。降水试验是确定含水层参数，了解水文地质条件的主要方法。采用主孔抽水及观测孔的群孔抽水试验，包括非稳定流和稳定流抽水试验,要求观测抽水期间和水位恢复期间的水位、流量等内容。通过获得的水文气象、地质地貌、水文地质条件、现场记录、数据采集,进行水文地质参数计算,并对参数的合理性和精确性进行分析和检验。因此,本次降水试验的目的是:

(1)获取本地段综合地层渗透系数 K、影响半径 R 等。

(2)通过测定单井孔涌水量及水位下降(降深)之间的关系,分析确定含水层的富水程度,评价单井孔的出水能力。

(3)为取水工程设计提供所需的水文地质数据(如影响半径、单井出水量、单位出水量),依据降深和流量选择适宜的水泵型号。

(4)查明某些难以查明的水文地质条件,如确定各含水层间以及与地表水之间的水力联系、边界的性质及简单边界的位置、地下水补给通道、强径流带位置等。

2)试验方案

根据工程要求及现场条件,拟在有代表性的贾鲁河河道倒虹吸管身段进行降水试验,施工前先进行贾鲁河改道施工,再进行施工导流施工,采用黏土填筑围堰挡水,围堰按梯形布置,围堰堤顶宽 4 m,迎水坡坡度 1:2,背水坡坡度 1:1.5。

迎水坡采用编织袋装土防护,明渠导流。根据工程水文地质情况和工程施工条件,以及以往工程降水经验,采用管井井点降水方法。该降水方法的优点是效果好,场地布置方便,不影响工作面上其他交叉施工作业。

降水井拟布置在贾鲁河河道倒虹吸两岸的开挖平台上,两岸间距 50 m,建基面需降水,纵向长度为 224.2 m,按 50 m×224.2 m 的矩形基坑进行降、排水分析。开挖到地下水位分界线时开始打井进行降水试验,布置 4 眼降水管井和 3 眼观测管井,进行单孔降水试验:在一个降水井降水,在距其 10 m、30 m 的观测井中进行水位观测。通过单孔降水试验可以求得较为确切的水文地质参数和含水层不同方向的渗透性能及边界条件等。管井深、管井结构与其相对位置见图 3-19。

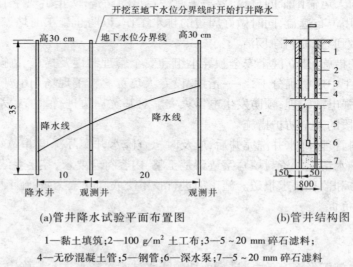

(a)管井降水试验平面布置图　　　(b)管井结构图

1—黏土填筑;2—100 g/m² 土工布;3—5~20 mm 碎石滤料;
4—无砂混凝土管;5—钢管;6—深水泵;7—5~20 mm 碎石滤料

图 3-19　管井深、管井结构与其相对位置

采取管井的排水措施,将地下水位降至作业面以下至少1.0 m处,即在102.25 m高程下降1 m,贾鲁河水位为108.00~109.27 m,即须降低水位6.75~8.02 m。

(二)降水试验方案计算

1. 试验数据

在降水井中放置额定功率7.5 kW,出水量50 m³/h的潜水泵进行匀速抽水试验。在试验过程中安排测量工作人员、电工联合作业,保证水泵的连续工作,具体的测量记录见表3-4。

表3-4　抽水试验测量记录

1号井(靠近抽水井)

日期 (年-月-日)	测量时间	井下水面高程 (m)	单段变化量 (m)	总体变化量 (m)	说明
2011-04-27	10:20	108.88	—	—	
	11:00	108.09	降0.79	降0.79	
	12:20	106.85	降1.24	降2.03	
	14:20	106.84	降0.01	降2.04	
	16:20	106.95	升0.11	降1.93	
	18:20	106.42	降0.53	降2.46	
	20:20	106.66	升0.24	降2.22	
	22:20	107.04	升0.38	降1.84	
2011-04-28	00:20	107.03	降0.01	降1.85	
	02:20	107.02	降0.01	降1.86	
	04:20	107.01	降0.01	降1.87	抽水井开始109.12 m,结束107.06 m,变化量:下降2.06 m
	06:20	107.08	升0.07	降1.80	
	08:20	107.23	升0.15	降1.65	
	10:20	107.21	降0.02	降1.67	
	12:20	107.13	降0.08	降1.75	
	14:20	107.33	升0.20	降1.55	
	16:20	108.21	升0.88	降0.67	
	18:20	107.46	降0.75	降1.42	
	20:20	107.15	降0.31	降1.73	
	22:20	107.17	升0.02	降1.71	
2011-04-29	00:20	107.19	升0.02	降1.69	
	02:20	107.18	降0.01	降1.70	

1 号井(靠近抽水井)					
日期 （年-月-日）	测量时间	井下水面高程 （m）	单段变化量 （m）	总体变化量 （m）	说明
2011-04-29	04:20	107.13	降0.05	降1.75	
	06:20	107.08	降0.05	降1.80	
	08:20	107.23	升0.15	降1.65	
	10:20	107.22	降0.01	降1.66	
	11:00	107.20	降0.02	降1.68	
	12:30	107.08	降0.12	降1.80	
	14:30	107.12	升0.04	降1.76	
	16:30	107.12	0	降1.76	
	18:30	107.17	升0.05	降1.71	

2 号井(远离抽水井)					
日期 （年-月-日）	测量时间	井下水面高程 （m）	单段变化量 （m）	总体变化量 （m）	说明
2011-04-27	10:20	109.09	—	—	
	11:00	108.93	降0.16	降0.16	
	12:20	108.71	降0.22	降0.38	
	14:20	108.63	降0.08	降0.46	
	16:20	108.19	降0.44	降0.90	
	18:20	108.83	升0.64	降0.26	
	20:20	108.67	降0.16	降0.42	
	22:20	108.64	降0.03	降0.45	
2011-04-28	00:20	108.61	降0.03	降0.48	
	02:20	108.60	降0.01	降0.49	
	04:20	108.54	降0.06	降0.55	
	06:20	108.62	升0.08	降0.47	
	08:20	108.52	降0.10	降0.57	
	10:20	108.50	降0.02	降0.59	
	12:20	108.53	升0.03	降0.56	
	14:20	109.07	升0.54	降0.02	
	16:20	108.68	降0.39	降0.41	
	18:20	108.71	升0.03	降0.38	
	20:20	108.74	升0.03	降0.35	
	22:20	108.64	降0.10	降0.45	

2 号井(远离抽水井)					
日期 (年-月-日)	测量时间	井下水面高程 (m)	单段变化量 (m)	总体变化量 (m)	说明
2011-04-29	00:20	108.61	降 0.03	降 0.48	
	02:20	108.66	升 0.05	降 0.43	
	04:20	108.60	降 0.06	降 0.49	
	06:20	108.58	降 0.02	降 0.51	
	08:20	108.50	降 0.08	降 0.59	
	10:20	108.49	降 0.01	降 0.60	
	11:00	108.49	0	降 0.60	
	12:30	108.58	升 0.09	降 0.51	
	14:30	108.62	升 0.04	降 0.47	
	16:30	108.62	0	降 0.47	
	18:30	108.55	降 0.07	降 0.54	

注:"单段变化量"为相对于前一个时段水面的变化量,"总体变化量"为和抽前水位对比的变化量。

2. 渗流系数计算

(1)根据如下公式进行渗透系数计算:

$$K_1 = 0.73Q \frac{\lg r_1 - \lg r}{(2H - S - S_1)(S - S_1)}$$

$$K_2 = 0.73Q \frac{\lg r_2 - \lg r}{(2H - S - S_2)(S - S_2)}$$

$$K_3 = 0.73Q \frac{\lg r_2 - \lg r_1}{(2H - S_1 - S_2)(S_1 - S_2)}$$

$$K = \frac{K_1 + K_2 + K_3}{3} \tag{3-13}$$

式中 K——渗透系数,m/d;

Q——抽水量,m³/d;

r——抽水井半径,m;

r_1、r_2——观测井 1、观测井 2 至抽水井的距离,m;

S——抽水井水位降低值,m;

S_1、S_2——观测井 1、观测井 2 的水位降低值,m;

H——含水层的厚度,m。

(2)作为非完整井考虑,含水层厚度很大,其抽水的有效含水层深度 $H_0 = A(S + l)$,见表 3-5。

表 3-5 有效含水层深度 H_0

$\dfrac{S_0}{S_0+l}$	H_0	$\dfrac{S_0}{S_0+l}$	H_0
0.2	$1.3(S_0+l)$	0.5	$1.7(S_0+l)$
0.3	$1.5(S_0+l)$	0.8	$1.85(S_0+l)$

（3）具体计算过程见表 3-6。

表 3-6 计算过程

一、已知条件	
观测水位稳定后抽水井流量 $Q(\mathrm{m^3/h})$	50
观测井 1 到抽水井的距离（m）	10
观测井 2 到抽水井的距离（m）	30
抽水井半径（m）	0.15
二、含水层厚度	
井深（m）	20
滤管进水长度 l（m）	5
地下水位高程（m）	109.27
打井处高程（m）	111
抽水井水位降低值 S（m）	13.27
$S_0/(S_0+l)$	0.726 327 313
内插值	1.813 163 656
有效含水层深度（m）	33.126 5
三、计算结果	
观测井 1 降低的深度（m）	1.71
观测井 2 降低的深度（m）	0.54
抽水井降低深度（m）	2.06
$K_1(\mathrm{m/d})$	73.059 600 53
$K_2(\mathrm{m/d})$	20.833 580 8
$K_3(\mathrm{m/d})$	5.581 445 356
$K(\mathrm{m/d})$	33.158 208 9
$K(\mathrm{cm/s})$	0.038 377 557

（三）根据试验结果修正后的降水方案

在求得渗透系数得到较为确切的水文地质参数和含水层不同方向的渗透性能及边界条件后，进行合适的降水方案布置。以下将分别对贾鲁河倒虹吸管身段、贾峪河倒虹吸管身段、贾鲁河改道圆弧处进行降水方案布置。

1. 贾鲁河倒虹吸管身段降水方案

（1）确定贾鲁河倒虹吸管身段井管包围面积。

根据设计图纸、施工导流方案，确定井管包围典型断面图见图3-20。

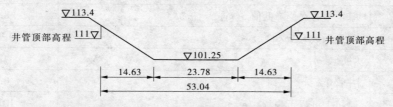

图 3-20　贾鲁河倒虹吸管身段井管包围典型断面图　（单位：m）

根据设计图纸，贾鲁河倒虹吸管身段的长度 $= 145 + 2 \times 1.5 \times (111 - 101.25) = 174.25(\text{m})$。

据此，井管包围面积 $F = 174.25 \times 53.04 = 9\,242.22(\text{m}^2)$

（2）基坑当量半径：

$$x_0 = \sqrt{\frac{F}{\pi}} \tag{3-14}$$

（3）抽水影响半径：

$$R = 1.95\sqrt{H \times K} \tag{3-15}$$

（4）单井涌水量：

$$q = 1.366Ks_0\left[\frac{2h - S_0}{\lg\dfrac{R^n}{nrx_0^{n-1}}} + \frac{2T}{\varepsilon + \lg\dfrac{R^n}{nTx_0^{n-1}}}\right]$$

$$\varepsilon = \frac{T}{l}\left(2\lg\frac{4T}{r} - A\right) - 0.6 \tag{3-16}$$

式中　n——井管数；

　　　r——井管半径，m；

　　　A 值由表3-7确定。

表 3-7　$l/2T$ 与 A 关系

$l/2T$	0.05	0.1	0.15	0.2	0.3	0.4	0.6	0.8
A	3.6	3.0	2.6	2.4	2.0	1.7	1.0	0.6

（5）总用水量：

$$Q = nq \tag{3-17}$$

（6）根据以上理论，对井深和井距进行试算，过程见表3-8。

表 3-8 贾鲁河倒虹吸管身段降水方案井深、井距试算

一	已知条件	
	基坑长(m)	174.25
	基坑宽(m)	53.03
	井深(m)	17
	管径水位降低值 S_0(m)	10.27
	滤管长度 l(m)	5
	基坑中心水位降低值 S(m)	8.02
	渗透系数 K(m/d)	33.177 6
	井管数 n	22
	井管半径 r	0.15
	基坑 1 m 以下高程	101.25
二	计算过程	
(1)	基坑当量半径 x_0(m)	54.234 079 15
(2)	含水层深度 H_0(m)	
	$S_0/(S_0+l)$	0.672 560 576
	内插	1.786 280 288
	含水层深度 H	27.276 5
(3)	抽水影响半径 R	470.463 336 8
(4)	单井涌水量 q	
	h	12.77
	T	14.506 5
	$l/2T$	0.172 336 539
	内插计算 A	2.421 307 69
	①	21.857 335 64
	②	19.871 864 25
	③	7.389 469 554
	单井涌水量 q(m³/d)	820.517 500 9
	总涌水量 Q(m³/d)	18 051.385 02
(5)	校核基坑中心水位降低值 S(m)	8.033 393 272
	基坑中心水位(m)	101.236 606 7
	基坑中心水位深度(m)	8.033 393 272
三	结论	
	井管间距	20.661 818 18

（7）根据以上计算过程,确定贾鲁河倒虹吸管身段降水方案如下:

降水井井深 17 m,井口高程 111 m;滤管长度 5 m;井距 20 m;贾鲁河左、右岸各布置 9 眼降水井,上下游围堰各布置 2 眼,共 20 眼。

2. 贾峪河倒虹吸管身段降水方案

(1)确定贾峪河倒虹吸管身段井管包围面积。

根据设计图纸、施工导流方案,确定井管包围典型断面图(见图 3-21)。

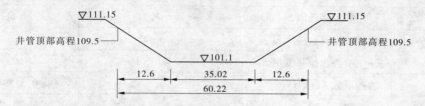

图 3-21　贾峪河倒虹吸管身段井管包围典型断面图　(单位:m)

根据设计图纸,贾峪河倒虹吸管身段的长度 = $120 + 2 \times 1.5 \times (109.5 - 101.1) = 145.2 (\text{m})$。

据此,井管包围面积 $F = 145.2 \times [35.02 + 2 \times 1.5 \times (109.5 - 101.1)] = 8\,743.94 (\text{m}^2)$

(2)基坑当量半径:

$$x_0 = \sqrt{\frac{F}{\pi}}$$

(3)抽水影响半径:

$$R = 1.95\sqrt{H \times K}$$

(4)单井涌水量:

$$q = 1.366 K s_0 \left[\frac{2h - s_0}{\lg \dfrac{R^n}{nrx_0^{n-1}}} + \frac{2T}{\varepsilon + \lg \dfrac{R^n}{nTx_0^{n-1}}} \right]$$

$$\varepsilon = \frac{T}{l}\left(2\lg\frac{4T}{r} - A\right) - 0.6$$

式中　符号意义同前;

　　　A 由表 3-7 确定。

(5)总用水量:

$$Q = nq$$

(6)根据以上理论,对井深和井距进行试算,过程见表 3-9。

(7)根据以上计算过程,确定贾峪河倒虹吸管身段降水方案如下:

降水井井深 28 m,井口高程 109.5 m;滤管长度 5 m;井距 15 m;贾峪河左、右岸各布置 10 眼降水井,上、下游围堰各布置 4 眼,共 28 眼。

3. 贾鲁河改道圆弧处降水方案

(1)降水最危险点的确定。贾鲁河改道圆弧处采用的降水方法是在改道后的河道中心位置打一排降水井,降水最危险点的确定如图 3-22 所示。

表 3-9　贾峪河倒虹吸管身段降水方案井深、井距试算

一	已知条件	
	基坑长(m)	145.2
	基坑宽(m)	60.22
	井深(m)	28
	管径水位降低值 S_0(m)	21.68
	滤管长度 l(m)	5
	基坑中心水位降低值 S(m)	7.08
	渗透系数 K(m/d)	0.518 4
	井管数 n	28
	井管半径 r	0.15
	基坑 1 m 以下高程	101.1
二	计算过程	
(1)	基坑当量半径 x_0	52.756 836 71
(2)	含水层深度 H_0	
	$S_0/(S_0+l)$	0.812 593 703
	内插	1.856 296 852
	含水层深度 H	49.526
(3)	抽水影响半径 R	69.954 715 09
(4)	单井涌水量 q	
	h	24.18
	T	25.346
	$l/2T$	0.098 634 893
	内插计算 A	3.010 920 855
	①	4.530 100 309
	②	2.302 282 138
	③	12.827 476 77
	单井涌水量 q(m³/d)	141.855 400 7
	总涌水量 Q(m³/d)	3 971.951 22
(5)	校核基坑中心水位降低值 S(m)	7.508 107 725
	基坑中心水位(m)	101.761 892 3
	基坑中心水位深度(m)	7.508 107 725
三	结论	
	井管间距	14.672 857 14

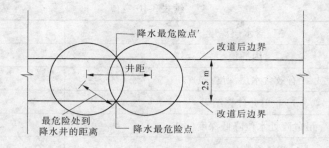

图 3-22 贾鲁河降水最危险点确定

（2）井深与井距的推求。利用渗透系数公式

$$K = 0.73Q \frac{\lg r_1 - \lg r}{(2H - S - S_1)(S - S_1)}$$

在已知 K 的情况下，假设井深和井距，进行反向推求单井涌水量 Q。参照 Q 的合适程度，确定井深与井距。

其中最危险处水位降低高程要求在基底高程以下 0.5 m 处，高程为 109.27 − (108.4 − 0.5) = 1.37(m)。

大圆弧按照图中所示弧长 148.67 m 计算：

渗透系数取试验所得 0.038 4 cm/s。

（3）含水层深度 H 的计算：含水层深度的计算参照贾鲁河倒虹吸管身段的计算。

（4）根据以上理论，具体计算过程如表 3-10 所示。

表 3-10　贾鲁河倒虹吸管身段单井计算结果

一、基本条件	
贾鲁河改道后河底宽度(m)	25.000
假设井距(m)	15.000
抽水井半径(m)	0.150
基坑高程(m)	108.400
基坑降水最危险处距离井的距离(m)	14.577
二、含水层深度	
假设井深(m)	9.500
滤管进水长度 l(m)	5.000
地下水位(m)	109.270
打井处高程(m)	111.000
抽水井水位降低值 S_0(m)	2.770
$S_0/(S_0 + l)$	0.356

三、含水层深度	
内插值	1.628
有效含水层深度(m)	12.652
四、单井计算结果	
最危险处水位降低深度(m)	1.370
渗透系数(cm/s)	0.038
渗透系数(m/d)	33.178
单井需出水流量(m^3/d)	677.487
单井需出水流量(m^3/h)	28.229
井数	9.911,取 10

(5)根据以上计算过程,确定贾鲁河改道圆弧处降水方案如下:

降水井井深 9.5 m,井口高程 111 m;滤管长度 5 m;井距 15 m;沿改道后的河道中心线布置 10 眼降水井。

第四章　倒虹吸工程的地基开挖及地基处理

倒虹吸工程的建筑物地基,一般分为岩石地基、土壤地基或砂砾石地基等,但由于受各地域的工程地质和水文地质作用的影响,天然地基往往存在一些不同程度、不同形式的缺陷,须经过人工处理,使地基具有足够的强度、整体性、抗渗性和耐久性,方能作为水工建筑物倒虹吸工程的基础。

由于各种工程地质与水文地质的不同,对各种类型的倒虹吸地基的处理要求也不同。因此,对不同的地质条件、不同的建筑物型式,要求用不同的处理措施和方法,故从施工角度,对倒虹吸的地基开挖,岩石地基、土壤地基、砂砾石地基、特殊地基的处理,清理岩石、灌浆等分别进行介绍。

第一节　倒虹吸地基开挖的一般规定和基本要求

天然基础的开挖最好安排在枯水或少雨季节进行,开工前应做好计划和施工准备工作,开挖后应连续快速施工。基础的轴线、边线位置及基底标高均应符合设计要求,精确测定,检查无误后方可施工。

一、开挖前的准备工作

在开挖前应做好以下准备工作:

(1)熟悉基本资料,认真分析倒虹吸建筑物工程区域内的工程地质和水文地质资料,了解和掌握各种地质缺陷的分布及发育情况。

(2)明确设计对倒虹吸基础的具体要求。

(3)熟知工程条件、施工技术水平及装备力量、人工配备、物料储备、交通运输、水文气象等。

(4)与业主、地质、设计、监理等单位共同研究确定适宜的地基开挖范围、深度和形态。

二、各类地基开挖的原则和方法

(一)岩基开挖

(1)做好基坑的排水工作,在围堰闭合后,立即排除基坑范围内的渗水,布置好排水系统,配备足够的设备,边开挖井坑,边降低和控制水位,确保开挖工作不受水的干扰,保证倒虹吸工程干地施工。

(2)做好施工组织计划,合理安排开挖程序。由于地形、时间和空间的限制,倒虹吸建筑物基坑开挖一般比较集中,工种多,比较难,安全问题突出。因此,基坑开挖的程序应本着自上而下,先岸坡后管身的原则,分层开挖,逐步下降,如图4-1所示。

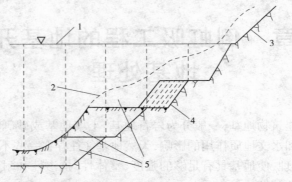

1—坝顶线;2—原地面线;3—安全削坡;4—开挖线;5—开挖层

图 4-1　倒虹吸基础开挖程序

（3）正确选择开挖方法,保证开挖质量。岩基开挖的主要方法是钻孔爆破法。采用分层梯段松动爆破,边坡轮廓面开挖应采用预裂爆破法或光面爆破法。紧邻水平建基面应采用预留保护层,并对保护层进行分层爆破。开挖偏差的要求:对节理裂隙不发育、较发育、发育和坚硬、中硬的岩体,水平建基面高程的开挖偏差要求不要超过 ±20 cm;设计边坡的轮廓线开挖偏差,在一次钻进深度条件下开挖时,不应大于其开挖高度的 ±2%;在分台阶开挖时,最下部一个台阶坡脚位置的偏差、一级整体边坡的平均坡度均应符合设计要求。预留保护层的开挖是控制岩基质量的关键,其要点是:分层开挖,控制一次起爆药量,控制爆破震动影响。边坡预裂爆破或光面爆破的效果应符合以下要求:开挖的轮廓、残留爆孔的痕迹应均匀分布,对于裂隙发育和较发育的岩体,炮眼痕迹保存率应达到80% 以上,对于节理裂隙发育和较发育的岩体,应达到 50% ~80% ,对于节理裂隙极发育的岩体应达到 10% ~50% 。相邻炮孔间岩石的不平整度不应大于 15 cm。

（4）选定合理的开挖范围和形态。基坑开挖范围主要取决于水工建筑物倒虹吸的平面轮廓,还要满足机械运行、道路布置施工排水、立模与支撑的要求。放宽的范围一般从几米到十几米不等,由实际情况而定。开挖后的岩基面要求尽量平整,以利于倒虹吸底部的稳定。倒虹吸开挖形态如图 4-2 所示。

(a)锯齿形　　　　　　　　　　(b)台阶形

1—原基岩面;2—基岩开挖面

图 4-2　坝基开挖形态

（二）软基的开挖要求

软基开挖的施工方法与一般土方开挖的方法相同。由于地基的施工条件比较特殊,常会遇到下述困难,为确保开挖工作顺利进行,必须注意以下原则。

1. 淤泥

淤泥的特点是颗粒细、水分多、人无法立足,应视情况不同分别采取措施。

（1）烂淤泥：特点是淤泥层较厚、含水量较小、黏稠、锹插难拔、不易脱离。针对这种情况可在挖前先将铁锹蘸水，也可采用三股钗或五股钗。为解决立足问题，可采用一点突破法，即先从坑边沿起集中力量突破一点，一直挖到硬土，再向四周扩展，或者采用芦苇排铺路法，即将芦席扎成捆枕，每三枕用桩连成苇排，铺在烂泥上，人在排上挖运。

（2）稀淤泥：特点是含水量高、流动性大、装筐易漏，必须采用帆布做袋抬运。当稀泥较薄，面积较小时，可将干砂倒入进行堵淤，形成土埂，在土埂上进行挖运作业。如面积大，要同时填筑多条土埂分区支立，以防乱流。若淤泥深度大，面积广，可将稀泥分区围埂，分别排入附近挖好的深坑内。

（3）夹砂淤泥：特点是淤泥中有一层或几层夹砂层。如果淤泥厚度较大，可采用前面所述方法挖除；如果淤泥层很薄，先将砂石晾干，能站人时方可进行，开挖时连同下层淤泥一同挖除，露出新砂石，切勿将夹砂层挖混造成开挖困难。

2. 流砂

流沙现象一般发生在非黏性土中，主要与砂土的含水量、孔隙率、黏粒含量和水压力的水力梯度有关。在细砂、中砂中常发生，也可能在粗砂中发生，流砂开挖的主要方法如下：

（1）主要解决好"排"与"封"，即将开挖区泥沙层中的水及时排除，降低含水量和水力梯度及将开挖区的流砂封闭起来。如坑底置水，可在较低的位置挖沉砂坑，将竹筐或柳条筐沉入坑底，水进入筐内而砂被阻于其外，然后将筐内水排走。

（2）对于坡面的流砂，当土质允许、流砂层又较薄（一般在 4 ~ 5 m）时，可采用开挖方法，一般放坡为 1∶4 ~ 1∶8，但这要扩大开挖面积，增加工程量。

（3）当挖深不大、面积较小时，可以采取扩面的措施，其具体做法如下：

①砂石护面：在坡面上先铺一层粗砂，再铺一层小石子，各层厚 5 ~ 8 cm，形成反滤层，坡脚挖排水沟，做同样的反滤层，如图 4-3 所示。这样既可防止渗水流出时挟泄泥沙，又防止坡面径流冲刷。

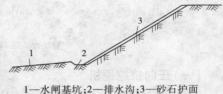

1—水闸基坑；2—排水沟；3—砂石护面

图 4-3　砂石护面

②柴枕护面：在坡面上铺设爬坡式的柴捆（枕），坡脚设排水沟，沟底及两侧均铺柴枕，以起到滤水拦砂的作用，如图 4-4 所示。隔一定距离打桩加固，防止柴枕下塌移动。当基坑坡面较长、基坑挖深较大时，可采用柴枕拦砂法处理，如图 4-5 所示，其做法是在坡面渗水范围的下侧打入木桩，桩内叠铺柴枕。

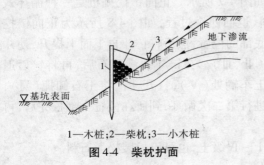

1—木桩；2—柴枕；3—小木桩

图 4-4　柴枕护面

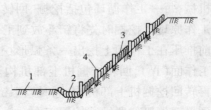

1—水闸基坑；2—排水沟；3—柴枕；4—钎枕桩

图 4-5　柴枕拦砂

第二节　倒虹吸工程基坑开挖机械化施工的要求

土石方工程开挖的机械有挖掘机械和挖运组合机械两大类,挖掘机械主要用于土石方工程的开挖工作。挖掘机械按构造及工作特点又可分为循环作业的单斗式挖掘机和连续作业的多斗式挖掘机两大类。挖运组合机械是指能由一台机械同时完成开挖、运输、卸土、铺土任务的机械,常用的有推土机、铲运机和装载机等。

一、单斗式挖掘机

单斗式挖掘机是水利水电工程施工中最常用的一种机械,可以用来开挖建筑物的基坑、渠道等,它主要由工作装置、行驶装置和动力装置三部分组成。单斗式挖掘机的工作装置有铲斗、支撑和操纵铲斗的各种部件,包括正向铲、反向铲、索铲、抓铲四种,如图4-6所示。

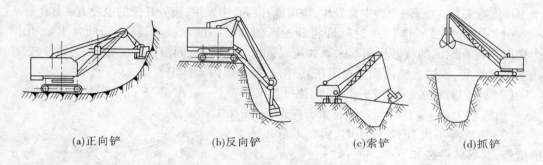

(a)正向铲　　　　(b)反向铲　　　　(c)索铲　　　　(d)抓铲

图4-6　单斗式挖掘机工作装置的类型

(一)正向铲挖掘机

钢丝绳操纵的正向铲挖掘机的构造如图4-7所示,它的工作装置主要有支杆、斗柄、铲斗及操纵它的索具、连接部件等。支杆一端铰接于回转台上,另一端通过钢丝绳与绞车相连,可随回转台在平面上回转360°,但工作时其垂直角度保持不变。斗柄通过鞍式轴承与支杆相连,斗柄下则有齿杆,通过鼓轴上齿轮的册动,可作前后直线移动。斗柄前端装有铲斗,铲斗上装有斗齿和斗门。挖土时,栓销插入斗门扣中,斗门关闭,卸土时绞车通过钢丝绳将栓销拉出,斗门则自动下垂开放,如图4-7所示。正向铲挖掘机是一种循环式作业机械,每一工作循环包括挖掘、回转、卸料、返回四个过程,如图4-8所示为正向铲挖掘机工作原理。挖掘时先将铲斗放到工作面底部的位置,然后将铲斗自下而上提升,使斗柄向前推压在工作面上挖出一条弧形挖掘面(Ⅱ、Ⅲ)。在铲斗装满土石后,再将铲后退离开工作面(Ⅳ),回转挖掘机上部机构至运土车辆处(Ⅴ),打开斗门将土石卸掉(Ⅵ),此后再转回挖掘机上部机构,同时放下铲斗,进行第二次循环,到所在位置全部挖完后,再移动到另一停机位置继续挖掘工作。

正向铲挖掘机主要用于挖掘基面以上的Ⅰ～Ⅳ级土,也可以挖装松散石料。

正向铲挖掘机的主要技术性能如表4-1所示。

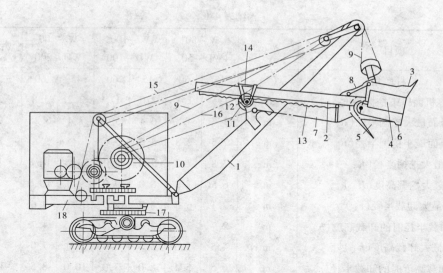

1—支杆;2—斗柄;3—斗齿;4—土斗;5—斗门;6—门扣;7—斗门拉索;8—拉杆;
9—升降索;10—绞盘;11—鼓轴;12—齿轮;13—齿杆;14—鞍式轴承;
15—支杆索;16—回升索;17—底座齿轮;18—回转台

图 4-7　正向铲挖掘机构造

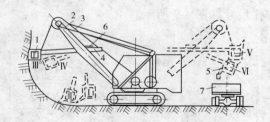

1—铲斗;2—支杆;3—提升索;4—斗柄;5—斗底;6—鞍式轴承;7—车辆;
Ⅰ、Ⅱ、Ⅲ、Ⅳ—挖掘过程;Ⅴ、Ⅵ—卸载过程

图 4-8　正向铲挖掘机工作原理

表 4-1　正向铲挖掘机技术性能

项目	单位	W－50 WD－50	W－100 WD－100	W－200 WD－200	WD－400
土斗容量	m³	0.5	1.0	2.0	4.0
支杆长度	m	5.5	6.8	8.6	10.5
斗柄长度	m	4.5	4.9	6.1	7.3

项目	单位	W－50 WD－50		W－100 WD－100		W－200 WD－200		WD－400
支杆倾角	(°)	45	60	45	60	45	60	45
停机面以下挖掘深度	m	1.5	1.1	2.0	1.5	2.2	1.8	2.92
停机面最大挖掘半径($R_平$)	m	4.7	4.3	6.4	5.7	7.4	6.25	9.25
停机面最小挖掘半径($R_小$)	m	2.5	2.8	3.3	3.6			8.66
最大挖掘半径($R_大$)	m	7.8	7.2	9.8	9.0	11.5	10.8	14.3
最大挖掘高度($H_大$)	m	6.5	7.9	8.0	9.0	9.0	10.0	10.0
最大卸载半径($r_大$)	m	7.1	6.5	8.7	8.0	10.0	9.6	12.6
最大卸载半径时的卸载高度(h)	m	2.7	3.0	3.3	3.7	3.75	4.7	4.88
最大卸载高度($h_大$)	m	4.5	5.6	5.5	6.8	6.0	7.0	6.3
最大卸载高度时的卸载半径(r)	m	6.5	5.4	8.0	7.0	10.0	8.5	12.15
移动速度	km/h	1.5～3.6		1.5		1.22		0.45
履带对地面的平均压力	kPa	60.8		90.9		124.5		176.40
挖掘次数	次/min	4		3		2.5		
工作质量	t	20.5		42.0		80.0		202.0

正向铲挖掘机的工作尺寸如图 4-9 所示。

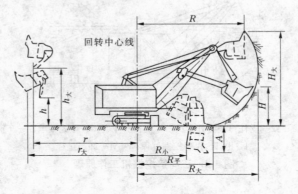

A—停机面以下挖掘机深度;$R_平$—停机面以上的最大挖掘半径;$R_小$—停机面上的最小挖掘半径;

$R_大$—最大挖掘半径;H—最大挖掘半径时的挖掘高度;R—最大挖掘高度时的挖掘半径;

$H_大$—最大挖掘高度;$r_大$—最大卸载半径;h—最大卸载半径时的卸载高度;

r—最大卸载高度时的卸载半径;$h_大$—最大卸载高度

图 4-9　正向铲挖掘机工作尺寸

(二)索铲挖掘机

　　索铲挖掘机的工作装置主要由支杆、铲斗、升降索和牵引索组成(见图 4-10)。铲斗由升降索悬挂在支杆上,前端通过铁链与牵引索连接,挖土时先收紧牵引索,然后放松牵引索和升降索,铲斗借自重荡至最远位置并切入土中,然后,拉紧牵引索,使铲斗沿地面切土并装满铲斗,此时,收紧升降索及牵引索,将铲斗提起,回转机身至卸土处,放松牵引索,使铲斗倾翻卸土。

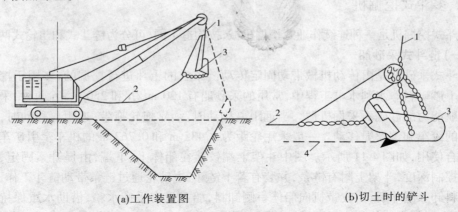

(a)工作装置图　　　　　　　　　　　(b)切土时的铲斗

1—升降索;2—牵引索;3—铲斗;4—切土时地面线

图 4-10　索铲挖掘机的工作装置

索铲挖掘机支杆较长,倾角一般为30°~45°,所以挖掘半径、卸载半径和卸载高度均较大。由于铲斗是借自重切入土中,因此适用于开挖建基面以下的较松软土壤,也可用于浅水中开采砂砾料,索铲卸土最好直接卸于弃土堆中,必要时也可直接装车运走。

(三)单斗式挖掘机生产率的计算

在施工中应尽可能提高使用生产率,其计算公式如下:

$$\rho = 60nqK_{充} K_{时} K_{修} K_{延} / K_{松} \tag{4-1}$$

式中　n——设计每分钟循环次数,次/min;

　　　q——铲斗的容量,m³;

　　　$K_{充}$——铲斗充盈系数;

　　　$K_{时}$——时间利用系数,取0.8~0.9;

　　　$K_{修}$——工作循环时间修正系数,$K_{修} = 1/(0.4K_{土}) + 0.6B$,$K_{土}$为土壤级别修正系数,一般采用1.0~1.2,$B$为转角修正系数,卸料转角为90°时,$B = 1.0$,卸料转角为100°~135°时,$B = 1.08 ~ 1.37$;

　　　$K_{延}$——卸料延续系数,卸入弃土堆为1.0,卸入车厢为0.9;

　　　$K_{松}$——可松性系数。

提高挖掘机生产率的主要措施如下:

(1)加长中间斗齿长度,以减小铲土阻力,从而减少铲土时间。

(2)加强对机械工人的培训,操作时应尽可能合并回转、升起、降落等过程,以缩短循环时间。

(3)挖松土料时,可更换大容量的铲斗。

(4)合理布置工作面,使撑子高度接近挖掘机的最佳撑子高度,并使卸土时挖掘机转角最小。

(5)做好机械保养,保证机械正常运行并做好施工现场准备,组织好运输工具,尽量避免工作时间延误。

二、多斗式挖掘机

多斗式挖掘机是一种连续作业式挖掘机械,按构造不同,可分为链斗式和斗轮式两类:

(一)链斗式采砂船

链斗式采砂船是由传动机械带动固定传动链条上的土斗进行挖掘的,多用于挖掘河滩及水下砂砾料。水利水电工程中,常用的采砂船有120 m³/h和250 m³/h两种,采砂船是无自航能力的砂砾石采掘机械。当远距离移动时,须靠拖轮拖带;近距离移动时,可借助船上的绞车和钢丝绳移动。一般采用轮距为1.435 m和0.762 m的机车牵引矿车或砂驳船配合使用,如图4-11所示。图中斗架上端铰接在船体上、下端,由提升索固定,并由提升索控制深度,斗架上附有链条,并装有若干链斗,主动轮通过链条带动链斗工作,挖掘的砂砾料卸入漏斗后,由皮带机向船体一侧卸料,船身设有平衡水箱,借助水重保持船体平衡,其主要技术性能如表4-2所示,供参考使用。

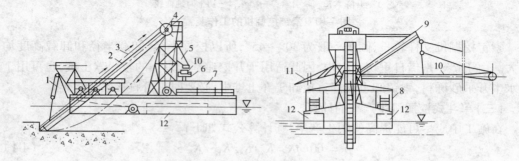

1—斗架提升索;2—斗架;3—链斗;4—主动链轮;5—卸料漏斗;6—回转盘;
7—主机房;8—卷扬机;9—吊杆;10—皮带机;11—泄水槽;12—平衡水箱

图4-11 链斗式采砂船

表4-2 采砂船技术性能

项目	120 m³/h 电动采砂船	120 m³/h 柴油采砂船	250 m³/h 采砂船	250 m³/h 挖泥船
生产能力(m³/h)	120	120	250	250
吃水深度(m)	0.8	1.0	2.0	3.1
最大挖深(m)	4	7	12	20
有效挖深(m)	3~3.5	4~5	8~10	12~14
开挖时最大流速(m/s)	1.5	1.5	1.5	1.5
水平排砂距离(m)	16			
斗容(m³)	0.44	0.2	带齿0.4,不带齿0.6	0.5
斗数(个)	52	39	37	79
皮带机宽度(m)	0.75	0.8	1.2	1.7
航行能力	不能自航	不能自航	不能自航	可自航

（二）斗轮式挖掘机的构造原理

斗轮式挖掘机的构造如图4-12所示，斗轮装在可仰俯的斗轮臂上，斗轮装有 7~8 个铲斗，当斗轮转动时，即可挖土；铲斗转到最高位置时，斗内土料借助自重卸到受料皮带机上卸入运输工具或直接卸到料堆上。斗轮式挖掘机的主要特点是斗轮转速快，连续作业生产率高，且斗轮臂倾角可以改变，可以回转360°，故开挖面较大，可适用于不同形状的工作面。

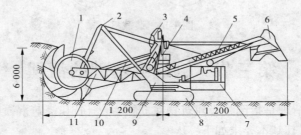

1—斗轮；2—升降机构；3—操作室；4—中心料斗；5—送料皮带机；
6—双槽卸料斗；7—动力系统；8—履带；9—转台；10—受料皮带机；11—斗轮臂
图4-12　斗轮式挖掘机构造　（单位:mm）

三、推土机

推土机是一种能进行平面开采，平整场地，并可短距离运土、平土、散料等综合作业的土方机械。由于推土机构造简单、操作灵活、移动方便，故在水利水电工程中应用很广，常用来清理、覆盖、推积土料，碾压、削坡、散料等坝面作业。

我国目前生产的推土机按操纵机构可分为卷扬机式和液压式两种，如图4-13所示。

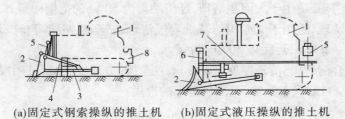

(a)固定式钢索操纵的推土机　　(b)固定式液压操纵的推土机

1—拖拉机；2—推土刀；3—顶推架；4—斜撑；
5—油泵及分配阀；6—油压缸；7—油管；8—卷扬机
图4-13　推土机类型

四、装载机的工效

装载机是一种工效高、用途广泛的工程机械，它不仅可以推积松散料物，进行装、运、卸作业，还可以对硬土进行轻度的铲掘工作，并能用于清理、刮平场地及牵引作业，如更换工作装置还可以完成推土、挖土、松土、起重以及装载棒状物料等工作，如图4-14所示，因此被广泛应用。装载机按行走装置可分为轮胎式和履带式两种，按卸载方式可分为前卸式、侧卸式和回转式三种。

图 4-14 装载机

第三节 倒虹吸基础的清理

倒虹吸的基础清理是指倒虹吸建筑物在立模、扎钢筋和浇筑混凝土之前对基础与岸坡表面进行的清理,其基本要求如下:

(1)凡有机质含量大于2%的表层土应予以清理,表层耕作土 0.3～0.5 m 厚的腐殖土应予以清除,以降低土体的压缩性,提高其抗剪强度。

(2)基坑内自然容量小于 1.48 kg/cm^3 的细砂和极细砂应予以清理。对于特殊基础岸坡,如湿陷性黄土地基、细砂层地基、岸坡冲沟等,应按专门的设计要求清理。

(3)对于易风化的灵敏性土,应根据土类的性质预留保护层,对倒虹吸断面范围内的低强度高压缩性软土及地震时易于液化的土层,应进行清除。

常用清理方法有以下几种:

(1)人工清理,手推车运输。这种方法适用于小范围或狭窄场面的清理,当缺乏必要的机械设备时,可用于大面积清理。

(2)推土机清理,适用于大面积清理,经济距离为 50 m 的范围内最好。

(3)铲运机清理,适用于大面积的基础表层清理,铲运机路线可布成环形或"∞"形,铲土距离为 100～200 m,运距以 500 m 为宜。

(4)机械组合清理,当清理厚度大于 2 m,且范围、方量较大时,可用推土机集料,装载机或挖掘机装车,自卸汽车运输,以加快清理的进度。

第四节 倒虹吸地基的处理

按不同地基的工程地质及水文地质条件,地基可分为细粒土及特殊土地基,粗粒土、巨粒土地基,岩层地基,多年冻土地基,黄土湿陷地基等,针对不同情况均有不同的处理方法。

一、地基处理的一般规定

(1)地基的处理应根据地基的种类、强度、密度、刚度,并按设计要求结合现场情况采用相应的处理方法。

(2)地基的处理范围应至少宽出基础范围 0.5 m。

(3)对细粒土及特殊地基修整后,应尽快检查验收,合格后,尽快施工下道工序,不得使地基面浸水和长期暴露。

二、各种不同地基的处理方法

(一)对细粒土及特殊地基的处理

细粒土及特殊土质的饱和软弱黏土层、软砂土层及湿陷性黄土、膨胀土、黏土及季节性冻土等,其强度低、稳定性差,处理时应视该类土的深度、含水量等情况,按基底采取固结处理,以满足设计要求,其具体的做法如下:

(1)抛石防渗。应使用不易风化的石料,石料的尺寸一般不小于 30 cm,抛填方向根据软土下卧地层横坡而定,横坡平坦时,自地基中部依次向两侧扩展,横坡坡度大于 1∶10 时,自高侧向低侧抛填,片石填出水面或软土面后,应用较小块石填平、压实,然后敷设反滤层。

(2)砂垫层。所用砂的规格和质量必须符合规范规定和设计要求,适当洒水分层压实,砂垫层厚度及其上敷设的反滤层应符合设计要求。

(3)袋装砂井。砂的规格与质量,砂袋织物与塑料排水板的质量必须符合设计要求,其顶端必须按规范要求深入砂垫层。

(4)CFG 桩(水泥、粉煤灰、碎石桩)。桩长、桩径、桩基平面布置均应符合设计要求,施工前应按设计要求由实验室进行配合比试验,并在施工时按配合比配制混合料。每方混合料粉煤灰掺量为 70～90 kg,坍落度宜为 160～200 mm。施工桩顶标高宜高出设计桩顶标高不少于 0.5 m,且钻至设计深度后应准确掌握提拔钻杆的时间,混合料泵送量应与拔管速度相配合,遇到饱和砂土或饱和粉土层,不得停泵待料。褥垫层设计以施工图纸为准,褥垫层铺设采用静力压实法,水泥土压实度不小于 0.98,碎石垫层夯填度(夯实后的褥垫层厚度与虚铺厚度的比值)不得大于 0.9。施放的桩位应根据设计图纸确定建筑物的控制轴线,并将 CFG 桩的准确位置施放到 CFG 桩作业面上。所施放的桩位应明显易找,不易被破坏。如有条件可采用一定直径和深度的白灰点来表示桩位。

①施工技术要求如下:

a.机具设备:选用长螺旋钻机、混凝土泵和强制式混凝土搅拌机等施工设备。成桩机具与设备性能指标,必须满足制桩的孔径、桩长和连续拔管成桩等的要求。

b.材料:原材料包括砂、碎石、水泥、粉煤灰和外加剂。施工前确定原材料的种类、品质,并将原材料进行化验和配合比试验。水泥:一般采用袋装 42.5 级普通硅酸盐水泥;碎石:粒径 8～25 mm;砂:含泥量小于 5%;粉煤灰:细度(0.045 mm 方孔筛筛余百分比)不大于 45%,并符合《用于水泥和混凝土中的粉煤灰》(GB 1596—2005)规定;外加剂:品质应符合《混凝土外加剂》(GB 8076—1997)的规定。

c.成桩工艺及施工质量控制:CFG 桩采用长螺旋钻孔,管内泵压混合料成桩工艺施工,成桩工艺流程如图 4-15 所示。

②质量控制:

a.钻机就位的要求:CFG 桩施工时,钻机就位后,应用钻机塔身的前后和左右的垂直标杆检查塔身导杆,校正位置,使钻杆垂直对准桩位中心,确保水泥粉煤灰碎石桩垂直,垂

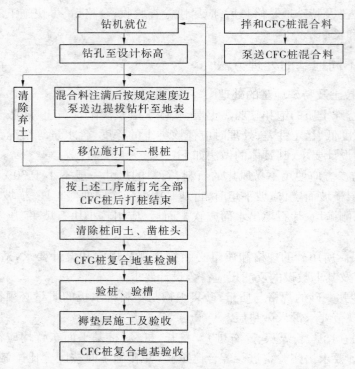

图4-15 长螺旋钻管内泵压水泥粉煤灰碎石桩施工流程

直度容许偏差不大于1%。

b. 混合料的搅拌要求:混合料搅拌要求按所规定的配合比进行配料,计量要求准确,上料顺序为:先装碎石或卵石,再加水泥、粉煤灰和外加剂,最后加砂,使水泥、粉煤灰和外加剂夹在砂、石之间,不易飞扬和黏附在筒壁上,也易于搅拌均匀。每盘料搅拌时间不应小于60 s。混合料坍落度控制在16~20 cm。在泵送前混凝土泵料斗、搅拌机搅拌筒应备好熟料。

c. 钻进成孔:钻孔开始时,关闭钻头阀门,向下移动钻杆至钻头触及地面时,启动马达钻进。一般应先慢后快,这样既能减少钻杆摇晃,又容易检查钻孔的偏差,以便及时纠正。

在成孔过程中,当发现钻杆摇晃或难钻时,应放慢进尺,否则较易导致桩孔偏斜、位移,甚至使钻杆、钻具损坏。钻进的深度取决于设计桩长,当钻头到达设计桩长预定标高时,在与动力头底面停留位置相应的钻机塔身处作醒目标记,作为施工时控制桩长的依据。正式施工时,当动力头底面到达标记处时,桩长即满足设计要求。施工时还需考虑施工工作面的标高差异,并作相应增减。在钻进过程中,当遇到圆砾石层或卵石层时,会发现进尺明显变慢,机架出现轻微晃动。在有些工程中可根据这些特征来判定钻杆进入圆砾石或卵石层的深度。

d. 灌注及拔管的要求:长螺旋钻孔管内泵压混合料成桩的施工,应准确掌握提拔钻杆的时间。钻杆进入土层预定标高后,开始泵送混合料,管内空气从排气阀排出。待钻杆内管及输送软、硬管内混合料连续时提钻。若提钻时间较晚,在泵送压力下钻头处的水泥浆液被挤出,容易造成管路堵塞。应杜绝在泵送混合料前提拔钻杆,以免造成桩端处存在虚土或桩端混合料离析,端阻力减小。一般成桩的提拔速度宜控制在 2~3 m/min。提拔钻杆中应连续泵料,特别是在饱和砂土、饱和粉土层中,不得停泵待料,避免造成混合料离析,桩身缩径和断桩。

e. 移机的要求:当上一根桩施工完毕后,钻机移位,进行下一根桩的施工。施工时由于 CFG 桩排出的土较多,经常将邻近的桩位覆盖,有时还会因钻机支撑时支撑脚压在桩位旁使原标定的桩位发生移动。因此,下一根桩施工时,还应根据轴线或周围桩的位置对需施工的桩位进行复核,保证桩位准确。

③桩的冬季施工措施。

根据《建筑工程冬季施工规程》(JGJ/T 104—2011)规定,冬季施工期限划分的原则是:根据当地多年的气象资料统计,当室外平均气温连续 5 天低于 5 ℃时即进入冬季施工。当室外日平均气温连续 5 天高于 5 ℃时解除冬季施工,并注意如下事项。

a. 施工前的场地要求:场地要求平整,预留的保护土层厚度需大于冻结深度,最小保护土层厚度不小于 50 cm,通往场地的道路和坡道需采取防滑措施。

b. CFG 桩冬季施工要求:冬季施工时,应采取措施避免混合料在初凝前遭到冻结,以保证混合料入孔温度大于 5 ℃,根据材料加热的难易程度,一般优先加热拌和水,其次是砂和石,混合料温度不宜过高,以免造成混合料假凝无法正常泵送施工,泵头、管线也应采取保温措施。施工完清除保护土层和桩头后,应立即对桩间土和桩头采用草帘等保温材料进行覆盖,防止桩间土冻胀而造成桩体拉断。另外,需要注意的是冬季 CFG 桩施工应适当延长混合料的搅拌时间。

(5)挤密砂桩的要求。

挤密砂桩施工机具的选择,应采用 KmZ-12000A 型振动沉桩机施工。用振动沉桩机将带活瓣桩尖的与砂桩同直径的钢桩管沉下,灌注砂填充料,振动拔管即成。振动力控制在 30~70 kN,拔管速度控制在 1~1.5 m/min 范围内。具体要求如下:

①桩位布置:按设计要求呈等边三角形布置,桩径 0.5 m,液化层下桩长 2 m,桩中心距为 1.5 m。

②测量放样:首先采用 GPS 或全站仪放出 A 区的边线,标识出各个控制桩,撒石灰作标识,并编号记录。

③桩的施工程序与要求:程序为桩位布置、桩机就位、成桩、灌砂、拔管。

a. 桩位布置:按设计要求呈等边三角形布置,桩径 0.5 m,液化层下桩长 2 m,桩中心距为 1.5 m。

b. 桩机就位:首先检查桩机的平整度和桩管的垂直度,检查时采用全站仪按水平、垂直两个方向进行检查,垂直度满足设计要求,使桩头与桩位对准,桩位偏差满足设计要求。

c. 成桩:严格控制桩管沉入深度,确保桩长达到设计要求。

d. 灌砂:桩管达到设计标高时,开始上料。上料时控制灌砂量,按设计砂量的 1.1~1.4 倍灌入,若桩管中一次装不下所要灌入的全部砂量,可以在振动过程中补足。若地面下沉或隆起,可适当增加或减少砂量。

e. 拔管:桩管下沉,第一次把桩管提升 50~100 cm,提升时桩尖自动打开,桩管内砂料流入孔内。按规定速度降落桩管,振动挤压 10~20 下。

f. 沉桩过程中的振动挤密,每次提升桩管 50 cm,挤压时间以桩管难以下沉为宜,如此反复升降压拔桩管,直至所落砂将地基挤密。

g. 完成该桩灌砂量,桩管提至地面,桩管移到下一桩位。

(6)沉入桩基础的技术要求。

①沉入桩应有事前具备的工程地质钻探资料和水文地质资料、打桩资料等。

②桩基轴线的定位点应设置在不受沉桩影响处,允许偏差应设计在允许的范围内。

③沉桩顺序一般由一端向另一端连续进行,当桩基的平面尺寸较大或桩距较小时,宜由中间向两端或四周进行。如桩埋置有深有浅,宜先沉深后沉浅,在斜坡地势应先沉坡顶后沉坡脚。

④贯入度应通过试桩或做沉桩试验后,与监理、设计单位研究确定。

⑤在施工过程中如发现地质情况与勘测情况有出入,应根据现场的具体情况进行补充钻探。

⑥有承台的施工要求,应按相关规范进行。

⑦沉桩施工时的基本要求:

a. 钢筋混凝土桩或预应力混凝土桩,必须待混凝土强度达到合格标准后,并有成品出厂合格证时才可沉桩。

b. 打桩机必须设置稳定,桩锤应对准桩位中心,打桩时桩的倾斜度必须按设计要求锤击。

c. 采用射水法沉桩时,要严格控制倾斜度,当桩尖接近标高时,应防止射水并进行锤击。

d. 桩的接头应按设计要求和有关规定实施,但必须确保接头质量。

e. 确保打桩质量和记录齐全。

在砂土地基中,若锤击沉桩有困难,可采用水冲锤击沉桩的方法并应符合下列要求:

a. 水冲锤击沉桩应根据图纸情况随时调节冲水压力,控制沉桩速度。

b. 为保证桩的承载力,当桩端沉到距设计标高的距离为下列距离时,应停止冲水,将水压减至 0.1 MPa,并改用锤击:

当桩径或边长≤600 mm 时,为 1.5 倍桩径或边长。

当桩径或边长>600 mm 时,为 1.0 倍桩径或边长。

用水锤击沉桩后,应及时与邻桩或固定结构夹紧,防止倾斜位移。

(7)灌注桩基础的质量要求。

①钻孔灌注桩施工的一般要求:

a. 灌注桩施工应具有工程地质和水文地质资料,以及水、水泥、砂、石、钢筋等原材料及制成品的质量检验报告。

b. 灌注桩施工应按有关规定采取安全生产、保护环境等措施。

c. 灌注桩施工应有完善的施工记录。

②泥浆的调制和使用要求:

a. 钻孔泥浆一般由水、黏土(或膨胀土)和添加剂,按适当配合比配制而成,其性能指标应符合有关规定。

b. 直径大于 2 ~ 5 m 的大直径钻孔灌注桩对泥浆的要求较高,泥浆的选择应根据钻孔的工程地质情况、孔位、钻孔桩性能、泥浆材料条件等确定。在地质复杂、覆盖层较厚、护筒下沉不到岩层的情况下,宜使用丙烯酰胺即 PHP 泥浆,此泥浆的特点是不分散、低固相、高黏度。

③清孔的要求:钻孔深度达到设计标高后,应对孔深、孔径进行检查,如表 4-3 所示。

表 4-3　钻孔、挖孔、成孔的质量标准

项目	允许偏差
孔的中心位置(mm)	群桩 100,单排桩 50
孔径(mm)	不小于设计桩径
倾斜度	钻孔小于 1%;挖孔小于 0.5%
孔深(mm)	摩擦桩不小于设计规定, 支承桩比设计深度超深不小于 500
沉淀厚度(mm)	摩擦桩符合设计要求,当设计无要求时,对桩径 ≤1.5 m 的桩 ≤300,对桩径 >1.5 m 或桩长 >40 m 或土层较差的桩 ≤500,支承桩不大于设计标准
清孔后的泥浆指标	相对密度:1.03 ~ 1.10,黏度 17 ~ 20 Pa·s,含砂率 2%,胶体率 >98%

注:清孔后的泥浆指标是从桩孔的顶部、中部、底部分别取样检验的平均值,本项指标的测定限制大直径桩或有特定要求的钻孔桩。

④钢筋骨架制作、运输及吊装就位的技术要求:

a. 钢筋骨架制作应符合设计和规范的要求。

b. 长桩骨架应分段制作,分段长度应根据吊装条件确定,确保骨架不变形,接头应错开。

c. 应在骨架外侧设置控制保护层的垫块,其间距竖向为 2 m,横向周围不得少于 4 处,骨架顶端应设置吊环。

d. 骨架入孔一般用吊机,无吊机时可采用钻机钻架灌注塔架的方法,起吊应按骨架长度的编号入孔。

e. 变截面的钢筋骨架,吊放应按设计进行施工。

f. 钢筋骨架的制作和吊放的允许偏差为:主筋间距 ±10 mm,箍筋间距 ±20 mm,骨架外径 ±10 mm,骨架倾斜度 ±0.5%,骨架保护层厚度 ±20 mm,骨架中心平面位置 20 mm,骨架顶端高程 ±20 mm,骨架底面高程 ±50 mm。

⑤灌注水下混凝土的技术要求:

a. 首批灌注混凝土的数量应能满足导管首次埋深(≥1.0 m)和填充导管底部的需要,见图 4-16,所需混凝土数量可参考下式计算:

$$V \geqslant \frac{\pi D^2}{4}(H_1 + H_2) + \frac{\pi d^2}{4}h_1 \tag{4-2}$$

式中　V——首批灌注混凝土所需的数量,m^3;

　　　D——桩孔直径,m;

　　　H_1——桩孔底至导管底端间距,m,一般为 0.4 m;

H_2——导管初次埋置深度,m;

d——导管内径,m;

h_1——桩孔内混凝土达到埋置深度 H_2 时,导管内混凝土桩
　　平衡导管外(或泥浆)压力所需的高度,m,即 $h_1 = H_w \gamma_w / \gamma_c$;

γ_c——混凝土拌和物的重度,kN/m³,取 24 kN/m³;

γ_w——井孔内水或泥浆的重度,kN/m³;

H_w——井孔内水或泥浆的深度,m。

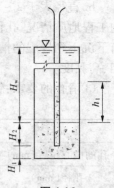

图 4-16

b.当混凝土拌和物运到拌和地点后应检查其均匀性和坍落度,
若不符合要求则应进行第二次拌和,二次拌和后仍不符合要求时,
不得使用。

c.首批混凝土拌和物下落后,混凝土应连续灌注。

d.灌注中,应注意保持孔内水位。

e.在灌注过程中,导管的埋设深度宜控制在 2~6 m。

f.应经常探孔内混凝土的位置,及时调整导管的埋置深度。

g.为防止钢筋骨架上浮,当灌注的混凝土顶面距骨架底部 1 m 左右时,应降低混凝土
的灌注速度。当混凝土拌和物上升到距骨架底口 4 m 以上时,应提升导管,使其底口高于
骨架底部 2 m 以上,这时可恢复正常灌注速度。

h.灌注桩顶标高应比设计标高高出一定高度,一般为 0.5~1.0 m,以保证混凝土强
度。多出部分接桩前应凿除多余桩头且无松散层。在灌注即将结束时,应核对混凝土的
灌入数量,以确定所测混凝土的高度是否正确。

i.变截面桩灌注混凝土的技术要求:变截面桩应从小截面的桩底部开始灌注,其技术
要求与等截面相同,当灌注扩大截面时,导管应提升至扩大面下约 2 m,并略加大混凝土
灌注速度和混凝土坍落度。当混凝土面高于扩大截面处 3 m 后,应将导管提升至扩大截
面处以上 1 m,并继续灌注至桩顶。

j.在使用全护筒灌注水下混凝土时,混凝土进入护筒后,护筒底部始终位于混凝土面
以下,并随导管的提升应逐步上拔护筒。护筒内的混凝土灌注高度不仅要考虑导管护筒
引导提升的高度,还要顾虑因上拔护筒引起的混凝土面的降低,以保证导管的埋置深度和
护筒地面低于混凝土面,要边灌注边排水,以保证护筒内水位稳定而不至于水位过高造成
反穿孔。

k.在灌注过程中,应将孔内溢出的水或泥浆引流至适当地点处理,不得随意排放以免
污染环境及河流。

第五节　河南省水利第一工程局对倒虹吸不良地基的处理方法

对所属范围内的贾鲁河倒虹吸及贾峪河倒虹吸的地基处理主要采用挤密砂桩及
CFG 桩,施工技术分述如下:

一、挤密砂桩

挤密砂桩是通过沉管的过程挤密土壤的不良地质情况,提高土壤的密实度,再通过灌入的砂石作为一个排水通道。将地震震动时因孔隙度减小所排出的水通过砂石引入到非液化层内,以达到消除饱和砂土及一些不良土壤的地震液化问题。

(一)挤密砂桩的总体要求

(1)挤密砂桩应优先选用振动成桩法,当局部砂桩振动成桩遭遇施工困难时,也可采用锤击成桩的方法,但应对该部位的地基处理效果加以检测。

(2)挤密砂桩在大面积施工前应选择有代表性的地段进行成桩试验。通过成桩试验取得资料,以确定正式施工时采用的施工参数。如成桩机具与设备的性能指标、桩孔间距、造孔制桩时间、挤密电流留振时间、填料的最佳含水量、填料量和桩顶预留松土层厚度等,验证地基加固处理的效果,正确指导以后的规范施工。

(3)施工顺序为先打周围3~6排桩,后打内部的桩,内部的桩宜隔排施工。当实际施工因机械移动不便时,内部的桩也可以划分成小区,然后逐排施工。

(4)在接近地表1~2 m深度内,土的自重应力较小,桩间土对桩的径向约束力小,造成砂桩顶部密度较差,一般不能直接做基础。因此,砂桩施工标高应高于基础底面设计标高1~2 m,等砂桩施工结束后将没有充分挤密的或被挤松的表层土挖除;对于填方或挖深较小的地基(挖深1~2 m),施工标高为基底设计标高或场地平整高程,但砂桩施工后应根据实际情况将基底标高下的松散层挖除或夯压密实。

(5)在整个制桩过程中,始终要及时均匀供料,以保证砂桩桩体的连续性、密实性。

(6)施工中应严格要求,控制质量、不偏孔、不漏振,确保加固效果。

(7)砂桩长度应不小于4 m,施工时距已有建筑物应保持8~10 m的距离,并采取适当的措施,以减少对邻近建筑物的振动影响。

(二)挤密砂桩振动成桩施工技术要求

(1)认真研究试验报告,参考试验桩施工的参数选用桩架、振动桩锤、桩管和空压机等施工设备,确定施工工艺、成桩机具与设备性能指标,必须满足制桩的孔径、深度、密实度和最小桩距要求。

(2)起重机械的起重能力和提升高度应符合施工图纸的规定,一般起重能力为150~500 kN。

(3)施工设备应配有自动记录桩管贯入深度、管内砂石高度、加砂量和挤密电流等信号的仪表。

(4)施工前应对振冲施工机具进行试运行,保证其处于良好运行状态。

(三)对材料的要求

(1)挤密砂桩桩体的填料采用级配良好的中粗砂混合料。天然砂细度模数大于2.8,含泥量不得大于5%,人工砂料压碎指标应小于30%,石粉的含量不得大于10%,细度模数应不大于3.7。

(2)施工时砂桩的含水量对桩的质量有很大影响,一般情况下,不同成桩方法对砂料的含水量要求也不同。单桩锤击法或单管振动法,一次拔管成桩或复打成桩时,砂料含水量要达到饱和;双管锤击或单管重复压拔管成桩时,砂石料含水量为 7% ～9%,在饱和土中施工时,可以用天然湿度砂料或干砂料。对人工砂料的含水量还应在试桩时进行验证。

(四)成桩工艺及施工质量控制

振动试桩法一般可采用一次拔管法或逐步拔管法,其具体要求如下:

清理平整施工场地、布置桩位均应符合设计的要求,并经监理工程师确认后方可进行施工。

1.一次拔管法及施工质量控制

1)成桩工艺步骤

成桩工艺步骤见图 4-17。

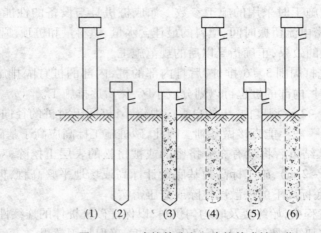

图 4-17　一次拔管法和逐步拔管成桩工艺

(1)桩管垂直对准桩位(活瓣桩靴闭合)。

(2)启动振动桩锤,将桩管振动沉入土中,达到设计深度,使桩管周围的土进行挤密或挤压。

(3)从桩管上端的投料漏斗加入砂石料,数量根据试验确定,为保证顺利下料,可加适量水。

(4)边振动边拔管,直至拔出地面。

2)质量控制

(1)桩身的连续性和密实度:通过拔管速度控制桩身的连续性和密实度。拔管速度应通过试验确定,一般地层情况,拔管速度为 1～2 m/min。

(2)桩身直径:通过填砂石的数量来控制桩身直径。利用振动将桩靴充分打开,顺利下料。当砂料量达不到设计要求时,要在原位再沉管投料一次或在旁边补打一根桩。

2.逐步拔管法及施工质量控制

1)成桩工艺步骤

对准桩位—启动振动桩锤—从桩管上端的投料漏斗加入砂石料—边振动边拔管。每拔管 50 cm,停止拔管而继续振动,停拔时间 10～20 s,直至将桩管拔出地面。

2)质量控制

(1)桩身的连续性和密实度通过拔管的速度控制,不要太快,以保证桩身的连续性,使不致断桩或缩径,拔管速度慢可使砂石料有充分的时间振密,从而保证桩身的密实度。

(2)桩的直径要按试桩确定的数量要求投加砂石料控制。当砂料量达不到设计要求时,要在原位再沉管投料一次或在旁边补打一根桩。

3.成桩检验

砂桩施工结束后,应隔至少21 d后进行成桩检验。

1)桩体密度检验

(1)采用重型动力触探跟踪检测桩体密实度,密实度桩标准为动力触探平均贯入10 cm的锤击数≥10击,小于标准值为不密实桩。

(2)随机抽验率为1%~5%,每项试验的桩数应不少于3根。

(3)自桩顶向下1 m起,每1 m进行一次动探检测。

2)桩间土处理效果检测要求

(1)桩间土质的检测位置应布置在等边三角形的中心。检测数量不应少于桩孔总数的2%。

(2)要求处理深度范围内土层处理后的标准贯入击数实测值为:施工图纸中 A、B 区及贾鲁河河道倒虹吸基础不低于 11 击,C、D 区及贾峪河河道倒虹吸基础不低于 7 击,或相对密度不低于 0.75,达到不液化的要求。

(3)自桩顶向下1 m起,每1 m进行一次标准贯入度检测。

4.挤密砂桩质量检测标准

挤密砂桩质量检测标准见表4-4。

表4-4　挤密砂桩质量检测标准

项目	序号	检查项目	允许偏差或允许值	检查方法
主控项目	1	灌砂量(%)	≥95	实际用砂量与计算体积比
	2	地基强度	设计要求	按规定方法
	3	地基承载力	设计要求	按规定方法
一般项目	1	砂料的含泥量(%)	≤5	实验室测定
	2	砂料的有机质含量(%)	≤5	焙烧法
	3	桩位(mm)	≤50	用钢尺量
	4	砂桩标高(mm)	不超过±150	水准仪
	5	垂直度(%)	≤1.5	经纬仪检查桩管垂直度

二、CFG 桩

(一)CFG 桩施工的总体要求

(1)CFG 桩的设计桩长、桩径、桩基平面布置应符合设计要求,CFG 桩施工应符合下列要求:

①施工前应按设计要求由实验室进行配合比试验,施工时按配合比配制混合料,每方

混合料的粉煤灰掺量宜为 70~90 kg,坍落度宜为 160~200 mm。

②钻至设计深度后,应准确掌握提拔钻杆时间,混合料泵送量应与拔管速度相配合,遇到饱和砂土或饱和粉土时,不得停泵待料。

③施工桩顶标高宜高出设计桩顶标高不少于 0.5 m。

④成桩过程中,抽样做混合料试块,每台机械一天应做一组(3 块)试块(边长为 150 mm 的立方体)并进行标准养护,测定其 28 d 立方体的抗压强度,抗压强度平均值≥20 MPa。

(2)褥垫层设计以施工图为准,褥垫层铺设采用静力压实法。水泥土压实度不小于 0.98,碎石垫层夯填度(夯实后的褥垫层厚度与虚铺厚度的比值)不得大于 0.9。

(3)CFG 桩基施工前,应选择有代表性的位置进行试验,每个分区试验桩数不少于 1 根,并按《建筑地基基础处理规范》(JGJ 79—2002)要求进行复合地基承载力试验,以确定最终的设计参数。如成桩机具与设备性能指标、桩孔间距、准确的提拔钻孔时间、混合料泵送量、提拔管速度等,试桩过程中应详细记录施工参数,以确定最终的成桩工艺。

(4)施放桩位:在 CFG 桩施工前应根据设计图纸确定建筑物的控制线轴,并将 CFG 桩的准确位置施放到 CFG 桩的作业面上,施放的桩位应明显、易找、不易被破坏,如有些工地采用有一定直径和深度的白灰点来表示桩位。

(5)清土和截桩时,不得造成桩顶标高以下桩身断裂和扰动桩间土。对弃土和保护土层清运时,如采用机械、人工联合清运,应避免机械设备超挖,并应预留至少 50 cm 用人工清除,避免造成桩头断裂和扰动桩间土层。

(二)CFG 桩的施工技术要求

1. 机具设备

认真研究试验报告,参考试验桩施工参数选用长螺旋钻机混凝土泵和强制式混凝土搅拌机等施工设备,确定施工工艺。成桩机具与设备性能指标,必须满足制桩的孔径、桩长和连续拔管成桩等的要求。

2. 材料

原材料包括砂、石、水泥、粉煤灰和外加剂。施工前确定原材料的种类、品质,并将原材料送至实验室进行化验和配合比试验,施工时按配合比配置混合料。对原材料的要求如下:

(1)水泥:一般采用袋装 42.5 级普通硅酸盐水泥,混凝土的水泥应遵守《通用硅酸盐水泥》(GB 175—2007)的有关规定,泵送混凝土应遵守《混凝土泵送施工技术规程》(JGJ/T 10—1995)的有关规定。

(2)碎石:粒径 8~25 mm。

(3)砂:含泥量小于 5%。

(4)粉煤灰:为增加混合料的和易性和可泵性,宜选用细度(0.045 mm 方孔筛,筛余百分比)不大于 45% 的 Ⅱ 级或 Ⅲ 级粉煤灰。粉煤灰的质量应符合《用于水泥和混凝土中的粉煤灰》(GB 1596—2005)中有关规定。

(5)外加剂:品质应符合《混凝土外加剂》(GB 8076—1997),使用的外加剂必须通过类似工程及按规范要求进行成功的商业性使用,且生产厂家具有一定生产规模和质量保证体系、质量均匀稳定,外加剂用量应根据配合比试验确定。

3.成桩工艺及施工质量控制

CFG 桩采用长螺旋钻孔,管内泵压混合料成桩工艺施工。其步骤如下:

(1)清理平整施工场地,布置桩位,经监理工程师确认后方可进行施工。

(2)桩的施工要求,地下水位应降至基底标高下 0.5～1.0 m,确定降水深度时,还应考虑基坑最低点高程。

成桩工艺流程见图 4-15。

成桩质量控制和 CFG 桩的冬季施工措施同本章第四节相关内容。

窜孔问题的处理及质量控制措施:在饱和粉土、粉细砂层中施工,常遇到窜孔的情况,对有窜孔可能的被加固地基,一般采取如下方法施工:

(1)改进钻头,提高钻进速度。

(2)减少在窜孔区域打桩推进排数,如将一次排 4 排改为一次排 2 排或 1 排,尽快离开已打桩,减少对已打桩扰动能量的积累。

(3)必要时采取隔桩、隔排、跳排打桩方案,但跳打要求及时清除成桩时排出的弃土,否则会影响施工进度。

(4)发生窜孔后一般按如下方法处理:当提钻灌注混合料到发生窜孔土层时,停止提钻,连续泵送混合料直到窜孔桩混合料液面上升至原位。对采用上述方法处理的窜孔桩,需通过低应变检测或静载试验,进一步确定其桩身完整性和承载力是否受到影响。

桩的施工容许偏差应满足下列要求:

(1)桩长的允许偏差不大于 10 cm。

(2)桩径的允许偏差不大于 2 cm。

(3)垂直度允许偏差不大于 1%。

(4)桩位的允许偏差:施工垂直度偏差不应大于 1%,对满堂布桩基础,桩位偏差不应大于 0.4 倍桩径;对条形基础,桩位偏差不应大于 0.25 倍桩径;对单排布桩位,偏差不应大于 60 mm。

质量检查及验收要求如下:

水泥、粉煤灰、碎石桩施工完毕,一般是 28 d 后对水泥粉煤灰碎石桩和水泥粉煤灰碎石桩复合地基进行检测,检测内容包括应变对桩身质量的检测和复合地基载荷试验对承载力的检测。进行复合地基检测时,必须保证桩体强度达到设计要求。

(1)检测的数量。复合地基载荷试验应分步进行,检测数量取水泥粉煤灰碎石桩总桩数的 1%,且不少于 3 点;低应变检测数量不少于水泥粉煤灰碎石桩总桩数的 10%,选择试验点应随机选择,不能仅挑选施工质量好的桩或为检测方便将所有试桩集中在一个区域的选桩方法。

(2)复合地基载荷试验要求。水泥粉煤灰碎石桩复合地基载荷试验应按《建筑地基处理技术规范》(JGJ 29—2002)"复合地基试验要求"进行。同时还需要注意试验时褥垫层的底标高与桩顶设计标高相同,褥垫层地面要平整,铺设面积与荷载面积相同,褥垫层周围要求有原状土约束。

(3)CFG 桩复合地基承载力检测标准。贾鲁河倒虹吸 CFG 桩复合地基承载力要求不小于下列数值：

A区不小于280 kPa,B区不小于360 kPa,C区不小于200 kPa。

贾峪河倒虹吸CFG桩复合地基承载力要求不小于下列数值：

A区不小于280 kPa,B区不小于360 kPa,C区不小于220 kPa,D区不小于200 kPa。

（4）施工质量检测应检查施工记录、混合料坍落度、桩数、桩位偏差、褥垫层厚度、夯填度和桩体试块抗压强度等，并根据低应变检测对桩身质量进行评价。

（5）施工结束后，应提交下列水泥粉煤灰碎石桩工程资料：

①水泥粉煤灰碎石桩基础竣工图及说明书；

②材料试验成果和现场振冲试验报告；

③试桩试验成果和现场报告；

④质量事故或缺陷处理报告。

第五章 倒虹吸工程中混凝土工程的施工技术

水工混凝土的施工技术要求对提高水工混凝土工程施工质量、推动其技术的发展起到了很好的作用。随着科学技术的进步、施工装备水平的提高,对施工技术水平和质量控制的要求更高、更严格。

第一节 模板的施工技术

模板工程是水利水电工程施工中一项重要的分项工程,对工程进度、质量和经济效益均有重要的影响。20世纪80年代中期以来,随着科学技术的进步,模板施工技术水平也有很大的提高。无论是在模板材料方面,还是在模板类型和施工工艺方面都有明显的进步。

一、模板的总体要求

(1)保证混凝土结构和构件各部分设计形状、尺寸和相互位置的正确。

(2)具有足够的强度、刚度和稳定性,能可靠地承受设计和规范要求的各项施工荷载,并保证变形在允许范围内。

(3)应尽量做到标准化、系列化,装卸方便,周转次数高,有利于混凝土工程的机械化施工。

(4)模板板面平整光洁,拼缝密合,不漏浆,以便保证混凝土的质量。

(5)模板选用应与混凝土结构、构件特征、施工条件和浇筑方法相适应。大面积平面支模宜选用大模板,当浇筑层厚度不超过3 m时,宜选用悬臂大模板。

(6)组合钢模板、大模板、滑动模板等模板的设计、制作和施工,应符合国家现行标准《组合钢模板技术规范》(GBJ 214)、《液压滑动模板施工技术规范》(GBJ 113)和《水工建筑物滑动模板施工技术规范》(SL 32)的相应规定。

(7)对模板采用的材料及制作安装等工序均应进行质量检测。

二、模板的材料

(1)模板的材料宜选用钢材、胶合板、塑料等,模板支架的材料宜选用钢材等,尽量少用木材。

(2)钢模板的材质应符合现行的国家标准和行业标准的规定。

①当采用钢材时,宜采用Q235钢材,其质量应符合《中热硅酸盐水泥、低热硅酸盐水泥和低热矿渣硅酸盐水泥》(GB/T 200—2003)的有关规定。

②当采用木材时,应符合《木结构规范》(GBJ 5)中的承重结构选材标准。

③当采用胶合板时,其质量应符合现有有效标准的有关规定。

④当采用竹编胶合板时,其质量应符合《竹编胶合板》(GB/T 13123)的有关规定。

(3)木材的种类可根据各地区实际情况选用,材质不宜低于三等材。腐朽严重、扭曲、有蛀孔等缺陷的木材、脆性木材和容易变形的木材,均不得使用。木材应提前备料,干燥使用,含水量宜为18%~23%。水下施工用的木材,含水量宜为23%~45%。

(4)保温模板的保温材料应不影响混凝土外露表面的平整度。

三、模板的设计

(1)模板的设计必须满足建筑物的体型、结构及混凝土浇筑分层分块的要求。

(2)模板设计应提出对材料、制作安装、运输使用及拆除工艺的具体要求。设计图纸应标明设计荷载和变形控制要求。模板设计应满足混凝土施工措施中确定的控制条件,如混凝土的浇筑顺序、浇筑速度、浇筑方式、施工荷载等。

(3)钢模板的设计应符合《钢结构设计规范》(GBJ 17)的规定,其截面塑性发展系数取 1.0,其荷载设计值可乘以系数 0.85 予以折减。采用冷弯薄壁型钢应符合《冷弯薄壁型钢结构技术规范》(GBJ 18)的规定,其荷载设计值不应折减。

本模板的设计应符合《木结构规范》(GBJ 5)的规定,当木材含水量(率)小于25%时,其荷载设计值可乘以系数 0.90 予以折减。

其他材料的模板设计应符合有关的专门规定。

(4)设计模板时,应考虑下列各项荷载:①模板的自身重力;②新浇筑混凝土的重力;③钢筋和预埋件的重力;④施工人员和机具设备的重力;⑤振捣混凝土时产生的荷载;⑥新浇筑的混凝土的侧压力;⑦新浇筑混凝土的浮托力;⑧倾倒混凝土时所产生的荷载;⑨风荷载;⑩其他荷载。

(5)计算模板的强度和刚度时,根据模板种类及施工具体情况,一般按表5-1的荷载组合进行计算。

表 5-1 常用模板的荷载组合

模板类别	荷载组合	
	计算承载能力	验算刚度
薄板和薄壳的底模板	①、②、③、④	①、②、③、④
厚板、梁和拱的底模板	①、②、③、④、⑤	①、②、③、④、⑤
梁、拱、柱(边长≤300 mm)、墙(厚≤400 mm)的侧面垂直模板	⑤、⑥	⑥
大体积结构、厚板、柱(边长>300 mm)、墙(厚>400 mm)的垂直侧面模板	⑥、⑧	⑥、⑧
悬臂模板	①、②、③、④、⑤、⑧	①、②、③、④、⑤、⑧
隧洞衬砌模板台车	①、②、③、④、⑤、⑥、⑦	①、②、③、④、⑥、⑦

注:①~⑧指上文(4)中①~⑧荷载,当底模板承受倾倒混凝土时产生的荷载对模板的承载能力和变形有较大影响时,应考虑荷载⑧。

（6）当计算模板刚度时，其最大变形值不得超过下列允许值：

①对结构表面外露的模板，为模板构件计算跨度的 1/400。

②对结构表面隐蔽的模板，为模板构件计算跨度的 1/250。

③支架的压缩变形值或弹性挠度，为相应的结构计算跨度的 1/1 000。

（7）承重模板的抗倾覆稳定性应按下列要求核算：

①抗倾覆稳定系数应大于 1.4。

②应计算下列两项倾覆力矩，并采用其中的最大值：第一项为风荷载，按《建筑结构荷载规范》(GBJ 9)确定；第二项为作用于承重模板边缘 150 kg/m 的水平力。

③计算稳定力矩时，模板自重的折减系数为 0.8，如同时安装钢筋，应包括钢筋的质量。活荷载按其对抗倾覆稳定最不利的分布计算。

（8）除悬臂模板外，竖向模板与内倾模板都必须设置内部撑杆或外部拉杆，以保证模板的稳定性。

（9）支架的立柱应在两径相垂直的方向加以固定。

（10）多层建筑物上层结构的模板支承在下层结构上时必须验算下层结构的实际强度和承载能力。

（11）模板附件的安全系数如表 5-2 所示。

表 5-2　模板附件的最小安全系数

附件名称	结构形式	安全系数
模板拉杆及锚定头	所有使用的模板	2.0
模板锚定件	仅支承模板质量和混凝土压力的模板支承模板和混凝土质量、施工荷载和冲击荷载模板	2.0 3.0
模板吊钩	所有使用的模板	4.0

四、模板的制作

（1）模板制作的允许偏差应符合模板设计的规定，并不得超过表 5-3 的规定。

（2）钢模板表面及活动部分应涂防锈油脂，但不得影响混凝土表面颜色。其他部分应涂防锈漆。木面板宜贴镀锌铁皮或其他隔层。

（3）当混凝土的外露表面采用木模板时，宜做成复合模板。

（4）重要结构的模板，承重模板，移动式、滑动式、工具式及永久性的模板均须进行模板设计，并提出对材料制作安装、使用及拆除工艺的具体要求。设计图纸应标明设计荷载及控制条件，如混凝土的浇筑顺序、速度、施工荷载等。

五、模板的安装与维护

（1）模板安装前，必须按设计图纸测量放样，重要结构应多设控制点，以利检查校正。

（2）在模板的安装过程中，必须经常保持足够的临时固定设施，以防倾覆。

表 5-3　模板制作的允许偏差　　　　　　　　　　　（单位:mm）

偏差项目		允许偏差
木模	小型模板:长和宽	±2
	大型模板(长、宽大于 3 m):长和宽	±3
	大型模板对角线	±3
	模板面平整度:	
	相邻两板面高差	0.5
	局部不平(用 2 m 直尺检查)	3
	面板缝隙	1
钢模、复合模板及 胶木(竹)模板	小型模板:长和宽	±2
	大型模板(长、宽大于 2 m):长和宽	±3
	大型模板对角线	±3
	模板面局部不平(用 2 m 直尺检查)	2
	连接配件的孔眼位置	±1

注:1. 异型模板(蜗壳、尾水管等)、永久性模板、滑动模板、移置模板、装饰混凝土模板等特种模板,其制作的允许偏差,按有关规定和要求执行。

2. 定型组合钢模板制作的允许偏差,按有关标准执行。

3. 表中木模是指在面板上不敷盖隔层的木模。用于混凝土非外露面的木模和被用来制作复合模板的木模的制作偏差可比表中的允许偏差适当放宽。

4. 复合模板是指在木模面板上敷盖隔层的模板。

(3)模板的钢拉杆不应弯曲,伸出混凝土外的拉杆宜采用端部可拆卸的结构型式。拉杆与锚环的连接必须牢固。预埋在下层混凝土中的锚定件(螺栓、钢筋环等)在承受荷载时,必须有足够的锚固强度。

(4)模板的板面应涂脱模剂,但应避免脱模剂污染或侵蚀钢筋和混凝土。

(5)支架必须支承在坚实的地基或者混凝土上,并应有足够的支承面积,斜撑应防止滑动。竖向模板和支架的支承部分,当安装在基土上时,应加设垫板,且基土上必须坚实并设有排水措施。

(6)模板与混凝土的接触面,以及各块模板接缝处必须平整密合,以保证混凝土表面的平整度和混凝土的密实性。

(7)现浇钢筋混凝土梁、板,当跨度等于或大于 4 m 时,模板应起拱,起拱高度一般宜为全跨长度的 1/1 000 ~ 3/1 000。

(8)建筑物分层施工时,应逐层校正下层模板偏差,模板下端不应有错缝和错台。

(9)模板安装除悬臂模板外,竖向模板与内倾模板都必须设置内部撑杆或外部拉杆,以保证模板的稳定性。

(10)模板安装的允许偏差应根据结构物的安全、运行条件、经济和美观等要求确定。

①一般大体积混凝土模板安装的允许偏差应符合表 5-4 的规定。

表 5-4 　一般大体积混凝土模板安装的允许偏差　　　（单位：mm）

偏差项目		混凝土结构的部位	
		外露表面	隐蔽内面
模板平整度	相邻两面板错台	2	5
	局部不平（用 2 m 直尺检查）	5	10
板面缝隙		2	2
结构物边线与设计边线	外模板	0 − 10	15
	内模板	+ 10 0	
结构物水平截面内部尺寸		± 20	
承重模板标高		+ 5 0	
预留孔洞	中心线位置	5	
	截面内部尺寸	+ 10 0	

注：1. 外露表面、隐蔽内面是指相应模板的混凝土结构表面最终所处的位置。

2. 高速水流区、流态复杂部位、机电设备安装部位的模板，除参照本表要求外，还必须符合有关专项设计的要求。

②大体积混凝土以外的一般现浇结构模板安装的允许偏差应符合表 5-5 的规定：

表 5-5 　一般现浇结构模板安装的允许偏差　　　（单位：mm）

偏差项目		允许偏差
轴线位置		5
底模上表面标高		+ 5 0
截面内部尺寸	基础	± 10
	柱、梁、墙	+ 4 − 5
层高垂直	全高 ≤ 5 m	6
	全高 > 5 m	8
相邻两面板高差		2
表面局部不平（用 2 m 直尺检查）		5

③预制构件模板安装的允许偏差应符合表 5-6 的规定。

④永久性模板、滑动模板、移置模板、装饰混凝土模板等特种模板，其模板安装的允许偏差按结构设计要求和模板设计要求执行。

钢承重骨架的模板，必须按设计位置可靠地固定在承重骨架上，以防止在运输及浇筑时错位。承重骨架安装前,宜先作试吊及承载试验。

表 5-6　预制构件模板安装的允许偏差　　　　　　　　　　　(单位:mm)

偏差项目		允许偏差
长度	板、梁	±5
	薄腹梁、桁架	±10
	柱	0 −10
	墙板	0 −5
宽度	板、墙板	0 −5
	梁、薄腹梁、桁架、柱	+2 −5
高度	板	+2 −3
	墙板	0 −5
	梁、薄腹梁、桁架、柱	+2 −5
	板的对角线差	7
	拼板表面高低差	1
	板的表面平整度(2 m 长度上)	3
	墙板的对角线差	5
侧向弯曲	梁、柱、板	$L/1\ 000$ 且 $\leqslant 15$
	墙板、薄腹梁、桁架	$L/1\ 500$ 且 $\leqslant 15$

注:L 为构件长度,mm。

(11)模板上严禁堆放超过设计荷载的材料及设备,混凝土浇筑时,必须按模板设计荷载控制浇筑速度及施工荷载,应及时清除模板上的杂物。

(12)混凝土浇筑过程中,应随时监视混凝土下料情况,不得过于靠近模板,下料时不能直接冲击模板、混凝土罐等机具,不得撞击模板。

(13)混凝土浇筑过程中,必须安排专人负责,经常检查,调整模板的形状及位置,使其与设计线的偏差不超过模板的安装允许偏差绝对值的1.5倍,并每班做好记录。对承重模板,必须加强检查维护,对重要部位的承重模板,还必须由有经验的人员进行监测。模板如有变形、位移,应立即采取措施,必要时停止混凝土浇筑。

(14)对陡坡滑模施工安全提出的要求:陡坡上的滑模施工要有保证安全的措施。牵引机具为卷扬机钢丝绳时,地锚要安全可靠。牵引机具为液压千斤顶时,应对千斤顶的配套拉杆作整根试验检查,并应设保证安全的钢丝绳、卡钳、倒链等保险措施。

六、模板的拆除

(1)现浇混凝土结构的模板拆除时间应在混凝土的强度符合设计要求后。当设计无要求时,应符合下列规定。

①侧模:混凝土强度能保证其表面和棱角不因拆除模板而受损坏。

②底模:混凝土强度应符合表5-7的规定。

表5-7 现浇结构拆模时所需混凝土强度

结构类型	结构跨度(m)	按设计的混凝土强度标准值的百分率计(%)
板	≤2	50
	>2,≤8	75
	>8	100
梁、拱、壳	≤8	75
	>8	100
悬臂构件	≤2	75
	>2	100

注:"设计的混凝土强度标准值"是指与设计混凝土强度等级相应的混凝土立方体抗压强度标准值。

③经计算及试验复核,混凝土结构的实际强度已能承受自重及其他实际荷载时,可提前拆模。

(2)拆模应使用专门工具,应根据锚固情况,分批拆除锚固连接件,防止大片模板坠落,以减少混凝土及模板的损坏。

(3)底模:当构件跨度不大于4 m时,在混凝土强度符合设计的混凝土强度标准的50%后方可拆除;当构件跨度大于4 m时,在混凝土强度符合设计的混凝土强度标准值的25%后方可拆除。

(4)拆下的模板支架及配件应及时清理维修,暂时不用的模板应分类堆存妥善保管;钢模应做好防锈工作,并设仓库存放。大型模板堆放时,应垫平放稳,并适当加固,以免翘曲变形。

七、特种模板的要求

特种模板包括永久性模板、滑动模板、移置模板及装饰混凝土模板等。

(1)滑动模板在结构上应有足够的强度、刚度和稳定性。每段模板沿滑动方向的长度,必须与平均滑动速度和混凝土脱模时间相适应,一般为1~1.5 m。滑模的支承构件及提升(拖动)设备应能保证模板结构均衡滑动,导向构件应能保证模板准确地按设计方向滑动。提升(拖动)设备,一般采用液压设备,也可以采用卷扬机或其他类型的设备。当采用液压设备时,必须做到密封、不漏油,以避免污染钢筋和混凝土。

(2)滑模施工时,其滑动速度必须与混凝土的早期强度增长速度相适应。要求混凝土在脱模时不塌落、不拉裂。模板沿竖直方向滑升时,混凝土的脱模强度应控制在0.2~0.4 MPa。模板沿倾斜或水平方向滑动时,混凝土的脱模强度应经过计算和试验确定。

混凝土的浇筑强度必须满足滑动速度的要求。

八、河南省水利第一工程局项目部对模板制作与安装的技术要求

（一）总则

（1）模板要有足够的强度和刚度，以承受荷载，满足稳定不变形、不走样等的要求，应有足够的密封性，以保证不漏浆。

（2）尽可能采用钢模板，混凝土浇筑要求内实外光，保证表面平整光滑。

（二）材料

（1）模板的材料宜选用钢材、胶合板等，模板支架的材料宜选用钢材，材料的材质应符合有关规定。当采用木材时，材质不宜低于Ⅱ等材，腐朽、严重扭曲或脆性的木材不应用做木模材料。

（2）模板及其支架必须符合下列规定：

①保证工程结构和构件各部分形状尺寸和相互位置的正确。

②具有足够的承载能力、刚度和稳定性，能可靠地承受新浇筑混凝土的自重和侧压力，以及在施工过程中所产生的荷载。

③构造简单，装拆方便，并便于钢筋的绑扎、安装和混凝土的浇筑及养护等。

④模板的拼缝不应漏浆。

⑤钢模板面板厚度应不小于 3 mm，钢模板面应尽量光滑，不容许有凹坑、皱褶及其他表面缺陷。

（3）模板与混凝土的接触面应涂隔离剂，对油质类等影响结构或妨碍装饰工程施工的隔离剂不宜采用。严禁隔离剂沾污钢筋及混凝土的接触面。

（4）模板的金属支撑杆（如拉杆、钢筋及其他锚固件等）材料应符合有关规定。

（三）模板的安装

（1）模板安装时必须按混凝土结构的施工详图测量放样。模板在安装过程中必须保持足够的临时固定设施，以防倾覆。

（2）模板之间的接缝必须平整，模板质检不应有"错台"。

（3）模板及支架上，严禁堆放超过设计荷载的材料及设备。

（4）混凝土浇筑过程中，应经常检查调整模板的形状及位置。模板如有变形走样，应立即采取有效措施予以矫正，否则应停止混凝土浇筑。

（四）模板的拆除

（1）拆除模板的期限。不承重模板的拆除应在混凝土强度达到其表面及棱角不因拆模而损伤时方可拆除；在墩、墙和柱部位，其强度不低于 3.5 MPa 时，方可拆除。钢筋混凝土结构的承重模板应在混凝土达到下列强度后（按混凝土强度等级的百分率计）才能拆除。

悬臂板、梁：跨度≤3 m 时达 70%；跨度 >2 m 时达 100%。

其他梁板：跨度≤2 m 时达 50%；跨度 2～8 m 时达 70%；跨度 >8 m 时达 100%。

（2）拆模应使用专门工具，以减少混凝土及模板的损伤。

（3）拆下的模板、支架配件应及时清理、维修，并分类堆存，妥善保管。

（五）允许误差

模板制作与安装的误差需保证设计及监理文件对结构物外观质量的要求。

第二节　钢筋的制作与安装技术要求

水工混凝土钢筋的材料加工、接头和安装的有关标准，适用于水工混凝土钢筋和锚筋的施工及质量检验。

一、钢筋的材料

钢筋混凝土结构用的钢筋，其种类、钢号、直径等均应符合有关设计文件的规定，即：

（1）用于水工混凝土结构的钢材应符合《低碳钢热轧圆盘条》（GB/T 701）、《钢筋混凝土用钢》（GB 1499）、《钢筋混凝土用热轧光圆钢筋》（GB 13013）、《钢筋混凝土用热轧余热处理钢筋》（GB 13014）、《冷轧带肋钢筋》（GB 13788）和冷拉Ⅰ级钢筋的规定要求。

（2）用于水工混凝土的低碳热轧圆盘条钢筋只限于 Q235 牌号，冷轧带肋钢筋只限于 LL550（$d = 4 \sim 12$ mm）牌号，冷拉钢筋只限于Ⅰ级（$d \leqslant 12$ mm）钢筋。

（3）水工混凝土结构所采用的钢筋，除应符合现行国家标准的规定外，其种类、钢号、直径等还应符合《水工混凝土结构设计规范》（DL/T 5057）及有关设计文件的要求。混凝土用钢筋的主要机械性能应符合有关标准。

（4）水工结构的非预应力混凝土中，不应采用冷拉钢筋。

（5）钢筋应有出厂证明书或试验报告单。使用前，仍应作拉力、冷弯试验，需要焊接的钢筋尚应作好焊接工艺试验钢号不明的钢筋，经试验合格后方可使用，但不能在承重结构的重要部位上应用。

二、钢筋的检验

对不同厂家、不同规格的钢筋应分批按国家对钢筋检验的现行规定进行检验，合格后的钢筋方可用于加工。检验时以 60 t 同一炉（批）号、同一规格尺寸的钢筋为一批，随意选取两根经外部质量检查和直径测量合格的钢筋，各截取一个抗拉试件和一个冷弯试件进行试验。

对钢筋的机械性能检验应遵守以下规定：

（1）钢筋取样时，钢筋端部要先截去 500 mm 再取样试验，每组试样要分别标记，不得混淆。

（2）在拉力检验项目中，应包括屈服点、抗拉强度和伸长率三个指标。如有一个指标不符合规定，即认为拉力检验项目不合格。

（3）冷弯试件弯曲后，不得有裂纹、剥落或断裂。

三、钢筋的加工

(一)调直和清污除锈

调直和清污除锈工作如下:

(1)钢筋的表面应洁净。使用前应将表面油渍、漆污、锈皮、鳞锈等清除干净,但对钢筋表面的水锈和色锈可不作专门的处理。在钢筋清污除锈过程中或除锈后,当发现钢筋表面有严重锈蚀、麻坑、斑点等现象时,应经检定后视损伤情况确定降级使用或剔除不用。

(2)钢筋应平直、无局部弯折,钢筋中心线同直线的偏差不应超过其全长的1%,成盘的钢筋或弯曲的钢筋应调直后才能允许使用,否则剔除不用。钢筋调直后,如发现钢筋有裂劈现象,应作为废品处理。

(3)钢筋的调直宜采用机械调直和冷拉方法,对于少量钢筋,当不具备机械调直和冷拉调直条件时,可采用人工调直。

(4)钢筋除锈方法宜采用除锈机、风砂枪等机械除锈,当钢筋数量较少时,可采用人工除锈。除锈后的钢筋不宜长期存放,应尽快使用。

(二)钢筋的端头及接头加工

1. 钢筋的端头加工

钢筋的端头加工应符合下列规定:

(1)光圆钢筋的端头加工应符合设计要求,如设计未作规定,所有受拉光圆钢筋的末端应做180°的半圆弯钩,弯钩的内直径不得小于2.5d。当手工弯钩时,可带3d的平直部分,如图5-1所示。

(2)Ⅱ级及其以上钢筋的端头,当设计要求弯转90°时,其最小弯转角内直径应满足下列要求:

①钢筋直径小于16 mm时,最小弯转内直径为5d。

②钢筋直径大于等于16 mm时,最小弯转内直径为7d,如图5-2所示。

图5-1　光圆钢筋的弯钩示意图　　　图5-2　Ⅱ级钢筋弯转90°示意图

③钢筋的加工必须保证端部无弯折,杆身直。

2. 钢筋接头加工

钢筋接头加工应符合下列规定:

(1)钢筋接头加工应按所采用的钢筋接头方式要求进行。

(2)钢筋端部在加工后有弯曲时,应予以矫正或割除,端部轴线偏移不得大于0.1d,并不得大于2 mm,端头面应整齐,并与轴线垂直。

3. 钢筋的弯折加工

（1）光圆钢筋（Ⅰ级）弯折 90°以上,带肋钢筋（Ⅱ级）弯折 90°,其最小弯转内径应分别按上述规定控制。

（2）对寒冷及严寒地区,当环境温度低于 −20° 时,不宜对低合金钢筋进行冷弯加工,以避免在钢筋起弯点强化造成脆断。

（3）弯起钢筋弯折处的圆弧内半径宜大于 12.5d,如图 5-3 所示。

（4）箍筋加工应按设计要求的型式进行,当设计没有具体要求时,可使用光圆钢筋制成的箍筋,其末端应有弯钩。对大型梁、柱,当箍筋直径 d 不小于 12 mm 时,弯钩宜做成如图 5-4 所示的形状,以便于安装,弯钩长度见表 5-8。采用小直径Ⅱ级钢筋做箍筋时,其末端应有 90° 弯头。箍筋弯后平直部分长度不宜小于 3 倍主筋的直径。

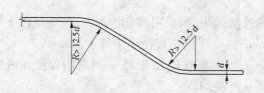 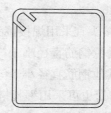

图 5-3　弯起钢筋弯折处圆弧内半径示意图　　　图 5-4　箍筋型式示意图

表 5-8　光圆箍筋的弯钩末端平直部分长度

箍筋直径	受力钢筋直径	
	≤25 mm	90 mm
5 ~ 10 mm	75 m	28 ~ 40 m
≥12 mm	90 m	105 m

（三）钢筋加工的允许偏差

（1）钢筋加工应按照钢筋下料表要求的型式尺寸进行。加工后的允许偏差不得超过表 5-9 中规定的数值。

表 5-9　钢筋加工的允许偏差

序号	偏差名称		允许偏差值
1	受力钢筋及锚筋全长净尺寸的偏差		± 10 mm
2	箍筋各部分长度的偏差		± 5 mm
3	钢筋弯起点位置的偏差	厂房构件	± 20 mm
		大体积混凝土	± 30 mm
4	钢筋转角的偏差		± 3°
5	圆弧钢筋径向偏差	大体积	± 25 mm
		薄壁结构	± 10 mm

(2)弯曲钢筋加工后应无翘曲不平现象。

(3)钢筋机械连接接头的加工允许偏差,按照接头连接件技术规定检验。

(四)钢筋的接头要求

1.一般要求

钢筋的接头宜采用下列方式:

(1)在工厂加工:有闪光对头焊接、手工电弧焊(搭接焊、帮条焊、熔槽焊、窄间隙焊等)和机械连接(带肋钢筋套筒冷挤压接头、镦粗锥螺纹接头)等,钢筋的交叉连接采用接触点焊。

(2)在现场施工中有绑扎搭焊、手工电弧焊、气压焊、竖向钢筋接触电渣焊和机械连接等。

2.绑扎接头

钢筋接头宜采用焊接接头或机械连接接头,当采用绑扎接头时,应满足以下要求:

(1)受拉钢筋直径小于等于22 mm,或受压钢筋直径小于等于32 mm。

(2)其他钢筋直径小于等于25 mm,当钢筋直径大于25 mm,采用焊接和机械连接确实有困难时,也可采用绑扎搭接,但要从严控制。

3.钢筋接头型式

不同直径的钢筋接头型式的选择,可按以下方法进行。

(1)直径小于等于28 mm的热轧钢筋接头,可采用手工电弧搭接焊和闪光焊、对接焊;直径大于28 mm的热轧钢筋接头,可采用熔槽焊、窄间隙焊或帮条焊连接。当不具备施工条件时,也可采用搭接焊。

(2)直径为20~40 mm的钢筋接头宜采用接触电渣焊和气压焊连接,但当直径大于28 mm时,应谨慎使用。可焊性差的钢筋接头不宜采用接触电渣焊和气压焊连接。

(3)直径在16~40 mm范围内的Ⅱ、Ⅲ级钢筋接头,可采用机械连接。采用套筒挤压连接时,所连接的钢筋端部应事先做好伸入套筒长度的标记;采用直螺纹连接时,应注意使相连两钢筋的螺纹旋入套筒的长度相等。

4.接头的技术要求和质量控制

1)手工电弧搭接焊、帮条焊

(1)对于直径大于或等于10 mm的热轧钢筋,其接头采用搭接、帮条电弧焊时,如图5-5~图5-8所示,应符合下列要求:

①当设计对焊接接头有要求时应采用双面焊缝,无特殊要求时可采用单面焊缝。对于Ⅰ级钢筋的搭接焊或帮条焊的焊缝总长度应不小于8d;对于Ⅱ、Ⅲ级钢筋其搭接焊或帮条焊的焊缝总长度应不小于10d,帮条焊时,接头两边的焊缝长度应相等。

②帮条的总截面面积应符合下列要求:

当主筋为Ⅰ级钢筋时,不应小于主筋截面面积的1.2倍和当主筋为Ⅱ、Ⅲ级钢筋时,不应小于主筋截面面积的1.5倍。为了便于施焊和使帮条与主筋的中心线在同一平面上,帮条宜采用与主筋同钢号、同直径的钢筋制成。如帮条与主筋级别不同,应按设计强

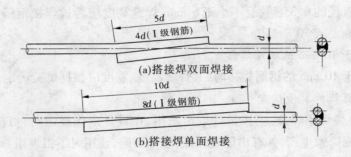

(a)搭接焊双面焊接

(b)搭接焊单面焊接

图 5-5　搭接焊

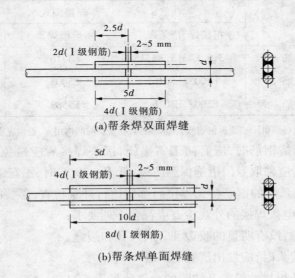

(a)帮条焊双面焊缝

(b)帮条焊单面焊缝

图 5-6　帮条焊

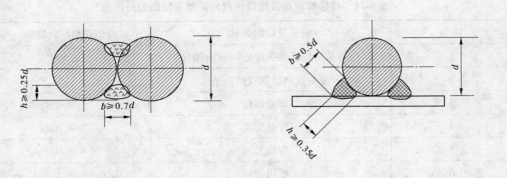

图 5-7　搭接焊和帮条焊　　　　图 5-8　钢筋与钢板焊接

度进行换算。帮条的长度应满足相应的焊缝要求。

　　③搭接焊接头的两根搭接的钢筋的轴线宜在同一直线上。

　　④对于搭接焊接,其焊缝高度应为被焊接钢筋直径的 0.25 倍,且不小于 4 mm,焊缝的宽度应为被焊接钢筋直径的 0.7 倍,且不小于 10 mm。当焊接钢筋和钢板时,焊缝高度

应为被焊钢筋直径的 0.35 倍,且不小于 6 mm,焊缝宽度应为被焊接钢筋直径的 0.5 倍,且不小于 8 mm。

2)直径小于 10 mm 的钢筋焊接

对直径小于 10 mm 的钢筋焊接时,其焊缝高度、宽度应根据试验确定。

3)手工电弧焊的其他规定

(1)手工电弧焊用焊条,应按设计规定采用,在设计未作规定时,可按表 5-10 选用。焊条必须由正规厂家生产,并有出厂合格证,型号明确,使用时不得混淆。

表 5-10 电弧焊焊接使用的焊条

序号	钢筋级别	焊接型式		
		搭接焊、帮条焊	熔槽焊	窄间隙焊
1	Ⅰ级钢筋	E4316、E4313、E4315	E4316	
2	Ⅱ级钢筋	E5003、E5016	E5003	E5016、E5015
3	Ⅲ级钢筋	E5003、E5016	E5503	E6016、E6015

注:低氢型焊条在使用前必须烘干。新拆包的低氢型焊条,宜在一班时间内用完,否则应重新烘干。

(2)在雨雪天焊接钢筋时,应有防雨雪措施,接头焊接后应避免立即接触雪水。在 −15 ℃以下施焊时,应采取专门措施保温防风,低于 −20 ℃时,不宜施焊。

(3)所有手工电弧焊的钢筋接头焊接后都应进行外观检查,必要时,应从成品中抽取试件,作抗拉试验。电弧焊接的外观检查应符合下列要求:

①焊缝表面平顺,没有明显的咬边、凹陷、气孔和裂缝。

②用小锤敲击接头时,应发出清脆的声音。

③搭接焊和帮条焊尺寸偏差及缺陷的允许值见表 5-11。

表 5-11 搭接焊和帮条焊焊接尺寸偏差及缺陷的允许值

序号	偏差及缺陷名称		允许偏差及缺陷
1	帮条对焊接接头中心的纵向偏移		$0.50d$
2	接头处钢筋轴线的曲折度		$4°$
3	焊缝高度		$-0.05d$
4	焊缝宽度		$-0.10d$
5	焊缝长度		$-0.50d$
6	咬边深度		$0.05d$ 并不大于 1 mm
7	焊缝表面的气孔和夹渣	在 2 倍 d 的长度上的数量	2 个
		气孔、夹渣的直径	3 mm

4)绑扎接头的技术要求

(1)钢筋采用绑扎搭接接头时,钢筋的接头搭接长度按受拉钢筋最小锚固长度控制,见表 5-12。

表 5-12　钢筋绑扎接头最小搭接长度

序号	钢筋类型		混凝土强度等级									
			C15		C20		C25		C30、C35		≥C40	
			受拉	受压	受拉	受压	受拉	受压	受拉	受压	受拉	受压
1	Ⅰ级钢筋		50d	35d	40d	25d	30d	20d	25d	20d	25d	20d
2	月牙纹	Ⅱ级钢筋	60d	50d	50d	35d	40d	30d	40d	25d	30d	20d
		Ⅲ级钢筋			55d	40d	50d	35d	40d	30d	35d	25d
3	冷轧带肋钢筋				50d	35d	40d	30d	35d	25d	30d	20d

注：1. 月牙纹钢筋直径 $d > 25$ mm 时，最小搭接长度应按表中数值增加 5d；

2. 表中Ⅰ级光圆钢筋的最小锚固长度值不包括端部弯钩长度，当受压钢筋为Ⅰ级钢筋，末端又无弯钩时，其搭接长度不应小于 30d；

3. 如在施工中分不清受压区或受拉区时，搭接长度按受拉区处理。

（2）受拉区域内的光圆钢筋绑扎接头的末端应做弯钩，螺纹钢筋的绑扎接头末端应做弯钩。

5）闪光对焊的技术要求

（1）采用不同直径的钢筋进行闪光对焊时，直径相差以一级为宜，且不大于 4 mm。采用闪光对焊时，钢筋端头如有弯曲，应予以矫直或切除。

（2）对不同类型、不同直径的钢筋，在施焊前均应按实际焊接条件试焊 2 个冷弯试件及 2 个拉伸试件。根据试件接头外观质量检测结果，以及冷弯和拉伸试验验证焊接参数。在施焊质量合格和焊接参数选定后，可成批焊接。

（3）全部闪光对焊的接头均应进行外观检查：钢筋表面没有裂纹和明显的烧伤。接头如有弯折，其角度不得大于 4°。接头轴线如有偏心，其偏差不得大于钢筋直径的 0.1 倍，且不得大于 2 mm。对外观检查不合格的接头，应剔出重焊。

（4）当对焊接质量有疑问或在焊接过程中发现异常时，应根据实际情况随机抽样，进行冷弯及拉伸试验。

（5）闪光对焊接头的拉伸试验，成果均应大于该级钢筋的抗拉强度，且断裂在焊缝及热影响区以外为合格。冷弯试验按表 5-13 的规定进行。冷弯试验时，焊接点应位于弯曲中点，试件经冷弯后，其接头处以外侧不出现横向裂纹为合格。

表 5-13　钢筋闪光对焊接头的冷弯指标

钢筋级别	冷弯芯棒直径	弯曲角度
Ⅰ级钢筋	2d	90°
Ⅱ级钢筋	4d	90°
Ⅲ级钢筋	5d	90°

注：1. 钢筋直径 $d > 25$ mm 时，弯心直径增加一个 d。

2. 冷弯试验允许将接头弯曲内侧镦粗部分（毛刺）适当修平，以利内弯曲。

6)气压焊接的技术要求

钢筋端部应切平,并应与钢筋轴线相垂直,钢筋端部若有弯折或扭曲,应矫直或切除。钢筋端部 2d 范围内应清除干净,端头经打磨,露出金属光泽,不得有氧化现象。

7)气压焊接作业要求

(1)应根据钢筋直径和焊接设备等具体条件选用等压法、二次加压法或三次加压法焊接工艺。

(2)焊接过程中,对钢筋施加的轴向压力,按均匀作用在钢筋横截面面积上计,应为 30 ~ 40 MPa。

(3)钢筋气压焊的开始阶段宜采用碳化火焰,对准接缝处集中加热,并使其内焰包住缝隙,防止钢筋端面产生氧化。在确认缝隙完全密合后,应改用中性火焰,以压焊面为中心,在两侧各一倍钢筋直径长度范围内往复宽幅加热。

(4)钢筋端面的合适加热温度应为 1 150 ~ 1 250 ℃,钢筋镦粗区表面的加热温度应稍高于该温度。

8)气压焊接头验收

气压焊接头验收按以下规定进行:

(1)全部接头应进行外观检查,检查项目和质量要求如下:

①偏心量 e 不得大于钢筋直径的 0.15 倍,同时不得大于 4 mm。当不同直径的钢筋焊接时,按较小的钢筋直径计。当焊接后的偏心量 e 超过此限值时应切除重焊。

②两钢筋轴线弯折角不得大于 4°,当超过此限值时应重新加热矫正。

③镦粗直径 d_n 不应小于钢筋直径的 1.4 倍,当小于此限值时应重新加热镦粗。

④长度 l_d 应不小于钢筋直径的 1.2 倍,且凸起部分平缓圆滑,当小于此限值时,应重新加热镦长。

⑤压焊面偏移量 e_d 不得大于钢筋直径的 0.2 倍。

⑥接头不得有环向裂纹,否则,应切除重焊。

⑦镦粗区表面不得有严重烧伤。

(2)机械性能检查项目和质量要求:

①机械性能检查以 300 个接头为一批,不足 300 个接头仍按一批计。从每批接头中随机切取 3 个接头做拉伸试验,根据工程需要,也可另取 3 个接头做弯曲试验。

②接头弯曲试验的要求:

a. 接头弯曲试件长度不得小于表 5-14 规定的数值。

表 5-14　气压焊弯曲试件长度　　　　　　　　　　　(单位:mm)

钢筋直径	16	18	20	22	25	28	32	36	40
试件长度	250	270	280	290	310	360	390	420	450

b. 进行弯曲试验的试件受压面凸起部分应去除,与钢筋外表面平齐。压焊面应处在弯曲中心点,弯至 90°时试件在压焊面不得发生破断。

c. 接头弯曲试验时的弯曲内直径应符合表 5-15 中的规定。

表 5-15　气压焊弯曲内直径

钢筋等级	弯心直径	
	$d \leqslant 25$ mm	$d > 25$ mm
Ⅰ级钢筋	$2d$	$3d$
Ⅱ级钢筋	$4d$	$5d$

9) 机械连接的技术要求

(1) 采用钢筋机械连接时,应由厂家提交有效的型式检验报告。

(2) 钢筋连接工程开始前及施工中,应对每批进场钢筋进行接头工艺检验。工艺检验应符合下列要求:

① 每种规格钢筋的接头试件不应少于 3 根。

② 对接头试件的钢筋母材应进行抗拉强度试验。

③ 3 根接头试件的抗拉强度见表 5-16 中的强度要求。对于 A 级接头试件抗拉强度不小于 0.9 倍钢筋母材的实际抗拉强度的,应采用钢筋的实际横截面面积。

表 5-16　接头性能检验指标

等级		A 级	B 级	C 级
单向拉伸	强度	$f_{mst}^0 \geqslant f_{tk}'$	$f_{mst}^0 \geqslant 1.35 f_{yk}$	单向受压 $f_{mst}^{0'} \geqslant f_{yk}'$
	割线模量	$E_{0.7} \geqslant E_s^0$ 且 $E_{0.9} \geqslant 0.9 E_s^0$	$E_{0.7} \geqslant E_s^0$ 且 $E_{0.9} \geqslant 0.7 E_s^0$	—
	极限应变	$\varepsilon \geqslant 0.04$	$\varepsilon \geqslant 0.02$	
	残余变形	$\mu \leqslant 0.3$ mm	$\mu \leqslant 0.3$ mm	
高应力反复拉压	强度	$f_{mst}^0 \geqslant f_{tk}$	$f_{mst}^0 \geqslant 1.35 f_{yk}$	
	割线模量	$E_{20} \geqslant 0.85 E_1$	$E_{20} \geqslant 0.5 E_1$	
	残余变形	$\mu_{20} \leqslant 0.3$ mm	$\mu_{20} \leqslant 0.3$ mm	
大变形反复拉压	强度	$f_{mst}^{0'} \geqslant f_{tk}$	$f_{mst}^0 \geqslant 1.35 f_{yk}$	
	残余变形	$\mu_4 \leqslant 0.3$ mm 且 $\mu_8 \leqslant 0.6$ mm	$\mu_4 \leqslant 0.6$ mm	

表 5-16 中各符号含义见表 5-17:

(3) 现场检验应进行外观质量检查和单向拉伸试验。设计有特殊要求时,按设计要求项目进行检验。机械连接接头检验时按验收批进行。采用同一批材料的同等级、同型式、同规格接头,以 500 个为一个验收批进行检验与验收,不足 500 个仍作为一个验收批计。

(4) 带肋钢筋套筒连接接头外观质量检查应满足以下要求。

① 外型尺寸:挤压后套筒长度应为原套筒长度的 1.10 ~ 1.15 倍或压痕处套筒的外径波动范围内原套筒外径的 0.8 ~ 0.9 倍。

表 5-17　主要符号含义

序号	符号	单位	含义
1	E_s^0	MPa	钢筋弹性模量实测值
2	$E_{0.7},E_{0.9}$	MPa	接头在 0.7 倍、0.9 倍钢筋屈服强度标准值时的割线模量
3	E_1,E_{20}	MPa	接头在第 1 次、第 20 次加载至 0.9 倍钢筋屈服强度标准值时的割线模量
4	ε		受拉接头试件极限应变
5	ε_{yk}		钢筋在屈服强度下的应变
6	μ	mm	钢筋单向拉伸的残余变形
7	μ_4,μ_8,μ_{20}	mm	接头反复拉压 4、8、20 次后的残余变形
8	$f_{mst}^0,f_{mst}^{0\prime}$	MPa	机械连接接头的抗拉、抗压强度实测值
9	f_{st}^0	MPa	钢筋抗拉强度实测值
10	$f_{tk},f_{tk}^{\prime}$	MPa	钢筋抗拉、抗压强度标准值
11	f_{yk}	MPa	钢筋屈服强度标准值

②挤压接头的压痕道数应符合型式检验确定的道数。

③接头处弯折不得大于 4°。

④挤压后的套筒不得有裂纹。

⑤检查数量:每一验收批中应随机抽取 10% 的挤压接头进行外观质量检查,如外观质量不合格数少于抽检数的 10% ,则该批挤压接头外观质量评为合格。当不合格数超过抽检数的 10% 时,应对该批挤压接头逐个进行复检,并采取补救措施;对外观不合格的挤压接头,应从中抽取 6 个试件做抗拉强度试验,若有 1 个试件的抗拉强度低于规定值,则该批外观不合格的挤压接头应进行处理,并记录存档。

(5)直螺纹接头外观质量检查应满足以下要求:

①接头拼接时用管钳扳手拧紧,使两个丝头在套筒中央位置相互顶紧。

②拼接完成后,套筒每端不得有一扣以上的完整丝扣外露,加长型接头的外露丝扣不受限制,但应有明显标记,以检查进入套筒的丝头长度是否满足要求。

③检查数量:每一验收批中应随机抽取 10% 的接头进行外观检查,抽检的接头应全部合格,如有一个接头不合格,则该验收批的接头应逐个检查,对查出的不合格接头应进行补强。

(6)锥螺纹接头外观质量及拧紧力矩检查应满足以下要求:

①连接套筒应与钢筋的规格一致,接头丝扣无完整外露。

②接头拧紧力矩值应符合表 5-18 的规定,不得超拧,拧紧后的接头应做上标记。检测用的力矩扳手应为专用扳手。

③钢筋锥螺纹接头,每一验收批中应随机抽取 10% 的接头进行外观检查,并用专用

的力矩扳手检验接头的拧紧值。抽检的接头应全部合格,如果有一个接头不合格,则该验收批接头应逐个检查,对不合格接头应进行补强。

表 5-18　钢筋安装的允许偏差

序号	偏差名称		允许偏差
1	钢筋长度方向的偏差		±1/2 净保护层厚
2	同一排受力钢筋间距的局部偏差	柱及梁中	±0.5d ±0.1 倍间距
		板及墙中	
3	同一排中分部箍筋间距的偏差		±0.1 倍间距
4	双排钢筋,其排与排间距的局部偏差		±0.1 倍排距
5	梁与柱中钢筋间距的偏差		0.1 倍箍筋间距
6	保护层厚度的局部偏差		±1/4 净保护层厚

（7）在每一验收批中随机截取 3 个试件做单向拉伸试验,当 3 个试件单向拉伸试验结果均符合表 5-16 中的强度要求时,该验收批为合格,如有一个试件的强度不符合要求,应再取 6 个试件进行复验,复验中如仍有一个试件试验结果不符合要求,则该验收批为不合格。

（8）钢筋的机械连接接头在施工时均应有现场连接施工记录,以便质量验收时查验施工记录。

四、钢筋的安装技术要求

（一）钢筋安装的偏差要求

（1）钢筋安装的位置、间距、保护层及各部分钢筋的尺寸,均应符合设计文件的要求。

（2）钢筋安装的偏差不得超过表 5-18 的规定。

（二）钢筋接头的分部要求

钢筋接头应分散布置。配置在同一截面内的下述受力钢筋,其接头的截面面积占受力钢筋总截面面积的百分率,应符合下列规定:

（1）闪光对焊、熔槽焊、电渣压力焊、气压焊、窄间隙焊接头在受弯构件的受拉区不宜超过 50% ;在受压区不受限制。

（2）绑扎接头,在构件的受拉区中不宜超过 25% ;在受压区不宜超过 50% 。

（3）机械连接接头,其接头分布应按设计文件规定执行,当没有要求时,在受拉区不宜超过 50% ;在受压区或装配式构件中钢筋受力较小部位,A 级接头不受限制。

（4）焊接与绑扎接头距离钢筋弯头起点不得小于 10d,也不应位于最大弯距处。

（5）若两根相邻的钢筋接头中距在 500 mm 以内或两绑扎接头的中距在绑扎搭接长度以内,均作为同一截面处理。

钢筋的接头分布在受拉区和受压区的要求不同,当施工中分辨不清受拉区或受压区时,其接头的分布应按受拉区处理。

机械连接接头宜避开有抗震要求的框架梁端和柱端的箍筋加密区;当无法避开时,必须采用 A 级接头,且接头数不得超过此截面钢筋根数的75%。

(三)钢筋的绑扎要求

(1)现场焊接或绑扎的钢筋网,其钢筋交叉点的连接按50%的间隔绑扎,当钢筋直径小于25 mm 时,楼板和墙体的外围层钢筋网交叉点应逐点绑扎。设计有规定时应按设计规定进行。

(2)钢筋安装中交叉点的绑扎,对于 Ⅰ、Ⅱ 级直径大于等于 16 mm 的钢筋,在不损伤钢筋截面的情况下,可采用手工电弧焊来代替绑扎,但应采用细焊条、小电流进行焊接,焊后钢筋不应有明显的咬边出现。

(3)钢筋绑扎用铁丝宜按表 5-19 中的规格选择。

表 5-19　钢筋绑扎用铁丝规格选择

钢筋直径(mm)	< 12	14 ~ 25	28 ~ 40
铁丝规格号	22	20	18

(四)保护层的要求

(1)钢筋安装时应保证混凝土净保护层厚度满足《水工混凝土结构设计规范》(DL/T 5057)或设计文件规定要求。

(2)在钢筋与模板之间应设置强度不低于该部位混凝土强度的垫块,以保证混凝土保护层的厚度。垫块应相互错开,分散布置,多排钢筋之间应用短钢筋支撑以保证位置准确。

(五)架立筋的要求

(1)钢筋安装前应设架立筋,架立筋宜选用直径大于等于 22 mm 的钢筋。架立筋安装后,应有足够的刚度和稳定性。

(2)钢筋网若采用场外绑扎和焊接预制后整体吊装,其架立筋应专门设计,受力钢筋可作为架立筋的一部分。必要时,也可采用轻型型钢等作为钢筋的支撑骨架。预制的绑扎和焊接钢筋网及钢筋骨架应有足够的强度和刚度,保证在运输和吊装过程中不变形、不开焊和不松脱。

五、河南省水利第一工程局项目部钢筋制作与安装的技术要求

(一)钢筋制作与安装总则

(1)所有钢筋均应按施工详图及有关文件要求进行,所有钢筋均不应有剥落层、锈蚀和结垢,也不应有油污、泥浆、灰浆,其他可能破坏或降低钢筋与混凝土或泥浆握裹力的涂层。钢筋的安装不应与浇筑混凝土同时进行,也不应在无适当措施能使钢筋定位的情况下浇筑混凝土。当混凝土需要分时段浇筑时,则必须在浇筑下一时段的混凝土前清除黏附在钢筋上的灰浆。

（2）所有钢筋均应用监理人员批准的金属或混凝土的垫块、衬垫或连接件固定。这些支撑应有足够的强度和数量，以保证在混凝土浇筑过程中钢筋不会移位。而且，这些支撑不应暴露在混凝土的外面，也不应使混凝土受到诸如磨损或污染之类的损坏。

（二）对材料的要求

（1）钢筋混凝土结构用的钢筋，其种类、钢号、直径等均应符合施工详图及有关设计文件的规定。热轧钢筋的性能必须符合国家标准《钢筋混凝土用钢第一部分：热轧光圆钢筋》（GB 1499.1—2007）和《钢筋混凝土用钢第二部分：热轧带肋钢筋》（GB 1499.2—2007）中的要求。

（2）钢筋应有出厂证明书或试验报告单，使用前，仍应做拉力、冷弯试验。需要焊接的钢筋应做好焊接工艺试验。

（3）钢材应选用"具有先进生产工艺和装备"，年产 200 万 t 及以上的国家大型钢铁生产企业的产品。

（三）钢筋的加工

钢筋的调直和污锈清除应符合下列要求：

（1）钢筋表面应洁净，使用前将表面油渍、漆污、锈皮、鳞锈等清除干净。

（2）钢筋应平直，无局部弯折，钢筋中心线同直线的偏差不应超过其全长的 1%。

（3）钢筋在调直板上调直后，其表面伤痕不得使钢筋截面面积减少 5% 以上。

（4）如用冷拉方法调直钢筋，则其矫直冷拉率不得大于 1%。

（5）切割和打弯钢筋可在工厂或现场进行。弯曲应根据经批准的标准方法，并用经批准的机具来完成，不允许加热打弯。图纸上没有标明但已被弯曲或扭弯的钢筋不能再用。

（四）钢筋的安装技术要求

（1）钢筋的安装位置、间距、保护层及各部分钢筋的尺寸，均应符合施工图纸及有关文件的规定，钢筋保护层按施工详图要求布置与预留。

（2）现场焊接或绑扎的钢筋网，其钢筋交叉的连接，应按设计文件的规定进行。如设计文件未规定，且钢筋直径在 25 mm 以下时，两行钢筋之间交点按 50% 的交叉点进行绑扎。

（3）安装后的钢筋，应有足够的刚性和稳定性，预先绑扎和焊接的钢筋网及钢筋骨架，在运输和安装过程中应采取措施，避免变形、开焊及松脱。

（4）在钢筋架设完毕，浇筑混凝土之前，须按设计图纸和《水工混凝土施工规范》（DL/T 5144—2001）的标准进行详细检查，并做好检查记录。检查合格后的钢筋，如长期暴露，应在混凝土浇筑之前重新检查，合格后方能浇筑混凝土。

（5）在钢筋安装架设后，应及时妥善保护，避免发生错动和变形。

（6）在混凝土浇筑过程中，应安排值班人员经常检查钢筋架立位置，如发现变动，应及时纠正，严禁为方便混凝土浇筑而擅自移动或割除钢筋。

（五）钢筋的接头要求

（1）钢筋的接头应按设计要求，并且符合《水工混凝土施工规范》（DL/T 5144—

2001)中有关要求。钢筋焊接处的屈服强度应为钢筋屈服强度的 1.25 倍。

（2）在加工厂中，钢筋的接头应采用闪光对头焊接，当不能进行闪光对头焊时，宜采用电弧焊（搭接焊、帮条焊、熔槽焊等）。

现场焊接钢筋直径在 28 mm 以下时，宜用手工电弧焊（搭接）；直径在 25 mm 以下的钢筋接头，可采用手工绑扎接头。

（3）焊接钢筋的接头，应将施焊范围内的浮锈、漆污、油渍等清除干净。

（4）在负温下焊接钢筋时，应有防风、防雪措施。手工电弧焊应选用优质焊条。接头焊毕后应避免立即接触冰、雪。雨天进行露天焊接，必须有可靠的防雨和安全措施。

（5）焊接钢筋的工人必须有相应的上岗合格证。

（6）钢筋接头应分散布置。配置在"同一截面内"的下述受力钢筋，其接头的截面面积占受力钢筋总截面面积的百分率不超过 25%，焊接与绑扎接头距钢筋弯起点不小于 10 倍钢筋直径，也不应位于最大弯矩处。而钢筋接头相距 30 倍钢筋直径或 50 cm，两绑扎接头的中距在绑扎搭接长度以内，均为同一截面。

（7）使用机械连接时应将所使用的连接材料、工艺及连接方法等报监理人批准，并遵循相关规程规范的规定。

（六）允许误差

钢筋加工安装的允许误差均应严格按照施工详图及有关文件规定执行。如无专门规定，钢筋加工和安装的允许误差则按表 5-20 和表 5-21 执行。

表 5-20　加工后钢筋的允许误差

偏差项目		允许误差
受力钢筋全长净尺寸的偏差		±10 mm
箍筋各部分长度的偏差		±5 mm
钢筋弯起点位置的偏差	构件	±20 mm
	大体积混凝土	±30 mm
钢筋转角的偏差		3°

（七）质量检查和检验

（1）钢筋机械性能检验应遵守《水工混凝土钢筋施工规范》（DL/T 5169—2002）第 4.2.2 条的规定。

（2）钢筋的接头质量检验应按《水工混凝土钢筋施工规范》（DL/T 5169—2002）第 6.2 节的要求进行，其中气压焊应符合《水工混凝土钢筋施工规范》（DL/T 5169—2002）第 6.2.8 条的规定，机械连接应符合《水工混凝土钢筋施工规范》（DL/T 5169—2002）第 6.2.9 条规定。

（3）钢筋架设完成后，应按合同的技术条款和施工图纸要求进行检查和检验，并做好记录。若安装好的钢筋和锚筋生锈，应进行现场除锈，对于锈蚀严重的钢筋应予更换。

表 5-21　钢筋安装的允许误差

偏差项目		允许误差
钢筋长度方向的偏差		±1/2 净保护层厚
同一排受力钢筋间距的局部偏差	柱及梁中	±0.5d
	板、墙中	±0.1 间距
同一排中分部钢筋间距的偏差		±0.1 间距
双排钢筋,其排与排间距的局部偏差		±0.1 排距
梁与柱中钢箍间距的偏差		0.1 箍筋间距
保护层厚度的局部偏差		±1/4 净保护层厚

（4）在混凝土浇筑施工前,应检查现场钢筋的架立位置,如发现钢筋位置变动应及时校正,严禁在混凝土浇筑中擅自移动或剔除钢筋。

（5）钢筋的安装和清理完成后,承包人应会同监理人在混凝土浇筑前进行检查和验收,并做好记录,经监理签字后才能浇筑混凝土。

第三节　水工混凝土的施工技术要求

水工混凝土的施工技术要点主要是对材料、混凝土配合比的选定,施工及温度控制,预埋件施工和质量控制与检查等。

一、材料的质量控制要点

（一）水泥

（1）水泥品质:选用的水泥必须符合现行国家标准的规定,并根据工程的特殊要求对水泥的化学成分、矿物组成和细度等提供专门要求。

（2）每个工程所用水泥品种以 1~2 种为宜,并应固定供应厂家。

（3）选用的水泥强度等级应与混凝土设计强度等级相适应。水位变化区、溢流面及经常受水流冲刷部位、抗冻要求较高的部位,宜使用较高强度等级的水泥。

（4）运至工地的每一批水泥应有生产厂家的出厂合格证和品质试验报告,使用单位应进行验收(每 200~400 t 同厂家、同品种、同强度等级的水泥为一取样单位,如不足 200 t 也应作为一取样单位),必要时进行复检。

（5）水泥品质的检验,应按现行的国家标准进行。

（6）水泥的运输、保管及使用应遵守下列规定:

①优先使用散装水泥。

②运到工地的水泥,应按标明的品种、强度等级、生产厂家和出厂批号分别储存到有明显标志的储罐或仓库中,不得混装。

③水泥在运输和储存过程中应防水防潮,已受潮结块的水泥应经处理并检验合格后方可使用,储罐水泥宜一个月倒罐一次。

④水泥仓库应有排水、通风措施,保持干燥。堆放袋装水泥时,应设防潮层,并距地面、边墙至少30 cm,堆放高度不超过15袋,并留出运输通道。

⑤散装水泥运至工地的入罐温度不宜高于65 ℃。

⑥先出厂、先运到工地的水泥应先用。袋装水泥储存时间超过3个月,散装水泥超过6个月,使用前应重新检验。

⑦应避免水泥的散失浪费,注意环境保护。

(二)对骨料的施工技术要求

(1)应根据优质、经济、就地取材的原则进行选择。可选用天然骨料、人工骨料或二者互相补充,选用人工骨料时,有条件的地方宜选用石灰岩质的料源。

(2)冲洗、筛分骨料时,应控制好筛分进料量,冲洗水压和用水量筛网的孔径与倾角等,以保证各级骨料的成品质量符合要求,尽量减少细砂流失。人工砂生产中,应保持进料粒径、进料量及料浆浓度的相对稳定性,以便控制人工砂的细度模数及石粉含量。

(3)成品骨料的堆存和运输应符合下列规定:

①堆存场地应有良好的排水设施,必要时应设遮阳防雨篷。

②各级骨料仓之间应设置隔墙等有效措施,严禁混料,并应避免泥土和其他杂物混入骨料中。

③应尽量减少转运次数,卸料时,粒径大于40 mm的骨料的自由落差大于3 m时,应设置缓降措施。

④储料仓除有足够的容积外,还应维持不小于6 m的堆料厚度,细骨料仓的数量和容积应满足细骨料脱水的要求。

⑤在粗骨料成品堆场取料时,同一级料应注意在料堆不同部位取样料。

(4)细骨料(人工砂、天然砂)的品质要求。

①细骨料应质地坚硬清洁、级配良好,人工砂的细度模数宜在2.4~2.8范围内,天然砂的细度模数宜在2.2~3.0范围内。使用山砂、粗砂、特细砂应经过试验论证。

②细骨料的含水量应保持稳定,人工砂饱和面干的含水量不宜超过6%,必要时应采取加速脱水措施。

③细骨料的其他品质要求应符合表5-22的规定。

(5)粗骨料(碎石、卵石)的品质要求。

①粗骨料的最大粒径不应超过钢筋净间距的2/3、构件断面最小边长的1/4、素混凝土板的1/2,对少筋或无筋混凝土结构,应选用较大的粗骨料粒径。

②施工中,宜将粗骨料按粒径分成下列几种组合:

a. 当最大粒径为40 mm时,分成D_{20}、D_{40}两级。

b. 当最大粒径为80 mm时,分成D_{20}、D_{40}、D_{80}三级。

c. 当最大粒径为150(120)mm时,分成D_{20}、D_{40}、D_{80}、D_{150}(D_{120})四级。

③应严格控制各级骨料的超逊径含量,以原孔筛检验,其控制标准为超径小于10%;当以超逊径筛检验时,其控制标准超径为零,逊径小于2%。

表 5-22　细骨料的品质要求

项目		指标		说明
		天然砂	人工砂	
石粉含量(%)		—	6 ~ 18	
含泥量(%)	≥C$_{90}$30 和有抗冻要求的	≤3	—	
	<C$_{90}$30	≤5		
泥块含量		不允许	不允许	
坚固性(%)	有抗冻要求的混凝土	≤8	≤8	
	无抗冻要求的混凝土	≤10	≤10	
表观密度(kg/m³)		≥2 500	≥2 500	
硫化物及硫酸盐含量(%)		≤1	≤1	折算成 SO$_3$,按质量计
有机质含量		浅于标准色	不允许	
云母含量(%)		≤2	≤2	
轻物质含量(%)		≤1	—	

④采用连续级配或间断级配应由试验确定。

⑤各级骨料应避免分离,D_{150}、D_{80}、D_{40} 和 D_{20} 分别用中径(115 mm、60 mm、30 mm 和 10 mm)方孔筛,检测的筛余量应在 40% ~ 70% 范围内。

⑥如果使用含有活性骨料、黄锈和钙质结合等粗料,必须进行试验论证。

⑦粗骨料表面应洁净,如有裹粉、裹泥或被污染等应清除。

⑧粗骨料的其他品质要求应符合表 5-23 的规定。

表 5-23　粗骨料的品质要求

项目		指标	说明
含泥量(%)	D_{20}、D_{40} 粒径级	≤1	
	D_{80}、D_{150}(D_{120})粒径级	≤0.5	
泥块含量		不允许	
坚固性(%)	有抗冻要求的混凝土	≤5	
	无抗冻要求的混凝土	≤12	
硫化物及硫酸盐含量(%)		≤0.5	折算成 SO$_3$,按质量计
有机质含量		浅于标准色	如深于标准色,应进行混凝土强度对比试验,抗压强度比不应低于0.95

续表 5-23

项目	指标	说明
表观密度(kg/m³)	≥2 550	
吸水率(%)	≤2.5	
针片状颗粒含量(%)	≤15	经试验论证,可以放宽至25%

⑨碎石和卵石的压碎指标值宜采用表 5-24 中的规定。

表 5-24　粗骨料的压碎指标值

骨料类别		不同混凝土强度等级的压碎指标值(%)	
		$C_{90}55 \sim C_{90}45$	$\leq C_{90}35$
碎石	水成岩	≤10	≤16
	变质岩或深层的火成岩	≤12	≤20
	火成岩	≤13	≤30
卵石		≤12	≤16

(三)掺合料的要求

水工混凝土中应掺入适量的掺合料,其品种有粉煤灰、凝灰岩粉、矿渣微粉、硅粉、粒化电炉磷渣、氧化镁等。掺用的品种和掺量应根据工程的技术要求、掺合料品质和资源条件,通过试验论证确定。

(1)掺合料的品质应符合现行的国家标准和有关行业标准。

(2)粉煤灰掺合料宜选用Ⅰ级或Ⅱ级粉煤灰。

(3)掺合料每批产品出厂时应有产品合格证,主要内容包括:厂名、等级、出厂日期、批号、数量及品质检验结果等。

(4)使用单位对进场使用的掺合料应进行验收检验。粉煤灰等掺合料以连续供应200 t 为一批(不足 200 t 按一批计),硅粉以连续供应 20 t 为一批(不足 20 t 按一批计),氧化镁以 60 t 为一批(不足 60 t 按一批计)。掺合料的品质检验按现行国家标准和有关行业标准进行。

(5)掺合料应储存在专用仓库或储罐内,在运输和储存过程中应注意防潮,不得混入杂物,并应有防尘措施。

(四)外加剂的技术要求

水工混凝土中必须掺加适量的外加剂。常用的外加剂有:普通减水剂、高效减水剂、缓凝高效减水剂、缓凝减水剂、引气减水剂、缓凝剂、高温缓凝剂、引气剂、泵送剂等。根据特殊需要,也可掺用其他性质的外加剂。外加剂品质必须符合现行的国家标准和有关行业标准。

(1)外加剂选择应根据混凝土性能要求、施工需要,并结合工程选定的混凝土原材料进行适应性试验,经可靠性论证和技术经济比较后,选择合适的外加剂种类和掺量。一个工程掺用同种类外加剂的品种宜选用 1~2 种,并由专门生产厂家供应。

(2)有抗冻要求的混凝土应掺用引气剂。混凝土的含气量应根据混凝土的抗冻等级和骨料最大粒径等,通过试验确定,并按表 5-25 中的规定参考使用。

表 5-25　掺引气剂型外加剂混凝土的含气量

骨料最大粒径(mm)		20	40	80	150(120)
含气量(%)	≥F200 混凝土	5.5	5.0	4.5	4.0
	≤F150 混凝土	4.5	4.0	3.5	3.0

注:F150 混凝土掺用引气剂与否,根据试验确定。

(3)外加剂应配成水溶液使用。配制溶液时应称量准确,并搅拌均匀。

(4)外加剂每批产品应有出厂检验报告和合格证。使用单位应进行验收检验。

(5)外加剂的分批以掺量划分。掺量大于或等于 1% 的外加剂以 100 t 为一批,掺量小于 1% 的外加剂以 50 t 为一批,掺量小于 0.01% 的外加剂以 1~2 t 为一批,一批进场的外加剂不足一个批号数量的,应视为一批进行检验。外加剂的检验按现行的国家标准和行业标准进行。

(6)外加剂应存放在专用仓库或固定的场所妥善保管,不同品种外加剂应有标记,分别储存。粉状外加剂在运输和储存过程中应注意防水防潮。当外加剂储存时间过长,对其品质有怀疑时,必须进行试验确定。

(五)水

(1)凡适用于饮用的水,均可用于拌制和养护混凝土。

(2)天然矿化水,如果化学成分符合表 5-26 中的规定,可以用来拌制和养护混凝土。

表 5-26　拌制和养护混凝土的天然矿化水的物质含量限值

项目	预应力混凝土	钢筋混凝土	素混凝土
pH 值	>4	>4	>4
不溶物(mg/L)	<2 000	<2 000	<5 000
可溶物(mg/L)	<2 000	<5 000	<10 000
氯化物(以 Cl^- 计)(mg/L)	<500	<1 200	<3 500
硫酸盐(以 SO_4^{2-} 计)(mg/L)	<600	<2 700	<2 700
硫化物(以 S^{2-} 计)(mg/L)	<100	—	—

注:1. 本表适用于各种大坝水泥、硅酸盐水泥、普通硅酸盐水泥、矿渣硅酸盐水泥、火山灰质硅酸盐水泥和粉煤灰硅酸盐水泥拌制的混凝土。
　　2. 采用抗硫酸盐水泥时,水中 SO_4^{2-} 含量允许加大到 10 000 mg/L。

(3)对拌制和养护混凝土的水质有怀疑时,应进行砂浆强度试验。如用该水制成的砂浆的抗压强度低于饮用水制成的砂浆 28 d 龄期强度的 90%,则这种水不宜用。

(六)混凝土配合比的选定

为满足混凝土设计强度、耐久性、抗渗性等要求及施工和易性需要,应进行混凝土施工配合比优选试验。混凝土施工配合比选择应经综合分析比较,合理地降低水泥用量。主体工程混凝土配合比应经审查选定。

(1)混凝土配置强度计算:

$$f_{cu0} = f_{cuk} + t\sigma \tag{5-1}$$

式中 f_{cu0}——混凝土的配制强度,MPa;

f_{cuk}——混凝土设计龄期的强度标准值,MPa;

t——概率度系数,依据保证率 P 选定;

σ——混凝土强度标准差,MPa。

(2)混凝土强度标准差(σ)。

①当没有近期的同品种混凝土强度资料时,σ 可参照表 5-27 选用。

表 5-27　标准差 σ 值

混凝土强度标准值	$\leqslant C_{90}15$	$C_{90}20 \sim C_{90}25$	$C_{90}30 \sim C_{90}35$	$C_{90}40 \sim C_{90}45$	$\geqslant C_{90}50$
$\sigma(90\ d)$(MPa)	3.5	4.0	4.5	5.0	5.5

②根据前 1 个月(或 3 个月)相同强度等级、配合比的混凝土强度资料,混凝土强度标准差 σ 按下式计算:

$$\sigma = \sqrt{\frac{\sum_{i=1}^{n} f_{cu,i}^2 - n m_{f_{cu}}^2}{n-1}} \tag{5-2}$$

式中 $f_{cu,i}$——第 i 组试件的强度,MPa;

$m_{f_{cu}}$——n 组试件的强度平均值,MPa;

n——试件组数,n 值应大于 30。

σ 的下限取值:对小于和等于 $C_{90}25$ 级混凝土,计算得到的 σ 小于 2.5 MPa 时,σ 取 2.5 MPa;对大于和等于 $C_{90}30$ 级混凝土,计算得到的 σ 小于 3.0 MPa 时,σ 取 3.0 MPa。施工过程中,应根据施工时段强度的统计结果,调整 σ 值,进行动态控制。

(3)混凝土设计强度标准差,按设计龄期提出的混凝土强度标准,以按标准方法制作养护的边长为 150 mm 立方体试件的抗压强度值确定,单位为 MPa。

(4)大体积内部混凝土的胶凝材料用量不宜低于 140 kg/m³。水泥熟料含量不宜低于 70 kg/m³。

(5)混凝土的水胶比(或水灰比),根据设计对混凝土性能的要求,应通过试验确定,并不应超过表 5-28 的规定。

(6)粗骨料级配及砂率的选择应根据混凝土的性能要求、施工和易性及最小单位用水量并尽量充分利用所生产的骨料、减少弃料等原则,通过试验进行综合分析确定。

(7)混凝土坍落度应根据建筑物的结构断面、钢筋含量、运输距离、浇筑方法、运输方式、振捣能力和气候等条件决定,在选定配合比时应综合考虑,并宜采用较小的坍落度。

混凝土在浇筑地点的坍落度,可按表 5-29 选用。

表 5-28　水胶比最大允许值

部位	严寒地区	寒冷地区	温和地区
上、下游水位以上(坝体外部)	0.50	0.55	0.60
上、下游水位变化区(坝体外部)	0.45	0.50	0.55
上、下游最低水位以下(坝体外部)	0.50	0.55	0.60
基础	0.50	0.55	0.60
内部	0.60	0.65	0.65
受水流冲刷部位	0.45	0.50	0.50

注:在有环境水侵蚀情况下,水位变化区外部及水下混凝土最大允许水胶比(水灰比)应减小 0.05。

表 5-29　混凝土在浇筑地点的坍落度

混凝土类别	坍落度(cm)
素混凝土或少筋混凝土	1～4
配筋率不超过 1% 的钢筋混凝土	3～6
配筋率超过 1% 的钢筋混凝土	5～9

注:有温度控制要求或高、低温季节浇筑混凝土时,其坍落度可根据实际情况酌量增减。

(七)混凝土的施工技术要求

(1)拌制混凝土时,必须严格遵守实验室签发的混凝土配料单进行配料,严禁擅自更改。

(2)水泥、砂、石、掺合料、片冰均应以质量计,水及外加剂溶液可按质量折算成体积计,称量的偏差不应超过表 5-30 的规定。

表 5-30　混凝土材料称量的允许偏差

材料名称	称量允许偏差(%)
水泥、掺合料、水、冰、外加剂溶液	±1
骨料	±2

(3)施工前,应结合工程的混凝土配合比情况,检验拌和设备的性能,当发现不相适应时,应适当调整混凝土的配合比,但要经试验确定。

(4)在混凝土的拌和过程中,应根据气候条件定时测定砂石骨料的含水量。在降雨的情况下,应相应地增加测定次数,以便随时调整混凝土的加水量。

(5)在混凝土拌和过程中,应采取措施保持砂石骨料含水量稳定,砂子含水量控制在6% 以内。

(6)掺有掺合料(如粉煤灰等)的混凝土进行拌和时,掺合料可以湿掺也可以干掺,但应保证掺和均匀。

（7）如使用外加剂,应将外加剂溶液均匀配入拌和用水中。外加剂中的水量应包括在拌和用水之内。

（8）必须将混凝土各组分拌和均匀。拌和程序与拌和时间应通过试验确定。表5-31中所列最少拌和时间可参考使用。

表5-31　混凝土最少拌和时间　　　　　　　　　（单位:mm）

拌和机进料容量(m³)	最大骨料粒径(mm)	坍落度(cm)		
		2～5	5～8	>8
1.0	80	—	2.5	2.0
1.6	150(或120)	2.5	2.0	2.0
2.4	150	2.5	2.0	2.0
5.0	150	3.5	3.0	2.5

注:1. 入机拌和量不应超过拌和机规定容量的10%。

2. 拌和混合料、减水剂、加气剂及加冰时,宜延长拌和时间,出机的拌和物中不应有冰块。

（9）拌和设备应经常进行下列项目的检验:

①拌和物的均匀性。

②各种条件下适宜的拌和试件。

③衡器的准确度。

④拌和机及叶片的磨损情况。

（10）如发现拌和机及叶片磨损,应立即进行处理。

（八）运输的注意事项

（1）选择的混凝土运输设备和运输能力,均应与拌和、浇筑能力、仓面具体情况及钢筋模板吊运的需要相适应,以保证混凝土运输的质量,充分发挥设备的效率。

（2）所用的运输设备,应使混凝土在运输过程中不致发生分离、漏浆、严重泌水及过多温度回升和降低坍落度等现象。

（3）同时运输两种以上强度等级、级配或其他特征不同的混凝土时,应在运输设备上设置标志,以免混淆。

（4）混凝土在运输过程中,应尽量缩短运输时间及减少转运的次数。掺普通减水剂的混凝土运输时间,不宜超过表5-32中的规定。因故停歇过久,混凝土已初凝或已失去塑性时,应作废料处理。严禁在运输途中和卸料时加水。

表5-32　混凝土运输时间

运输时段的平均气温(℃)	混凝土运输时间(min)
20～30	45
10～20	60
5～10	90

（5）在高温或低温条件下,混凝土运输工具应设置遮盖或保温设施,以避免天气、气

温等因素影响混凝土质量。

（6）混凝土的自由下落高度不宜大于 1.5 m；超过时，应采取缓降或其他措施，以防止骨料分离。

（7）用汽车、侧翻车、侧卸车、料罐车、搅拌车及其他专用车辆运送混凝土时，应遵守下列规定：

①运输混凝土的汽车应为专用，运输道路应保持平整。

②装载混凝土的厚度不应小于 40 cm，车箱应平滑密封，不漏浆。砂浆的损失应控制在 1% 以内。每次卸料，应将所载混凝土卸净，并应适时清洗车箱，以免混凝土黏附。

③汽车运输混凝土直接入仓时，必须有确保混凝土施工质量的措施。

（8）用皮带机运输混凝土时，应遵守下列规定：

①混凝土的配合比应适当增加砂率，骨料粒径不宜大于 80 mm。

②宜选用槽型皮带机，皮带接头直接胶结，并应严格控制安装质量，力求运行平稳。

③皮带机运行速度一般宜在 1.2 m/s 以内。皮带机的倾角应根据机型经试验确定。

④皮带机卸料处应设置挡板、卸料导管和刮板。

⑤皮带机布料均匀，堆料高度应小于 1 m。

⑥应有冲洗设备及时清洗皮带上黏附的水泥砂浆，并应防止冲洗水流入仓内。

⑦露天皮带机上宜搭设盖棚，以免混凝土受日照、风、雨等影响，低温季节施工应有适当的保温措施。

（9）用溜筒、溜管、溜槽、负压（真空）溜槽运输混凝土时，应遵守下列规定：

①溜筒（管、槽）内壁应光滑，开始浇筑前应用砂浆润滑溜筒（管、槽）内壁；当用水润滑时应将水引至仓外，仓面必须有排水措施。浇筑结束后，要将槽（筒）内混凝土残料清理干净。

②溜槽（筒）内必须平直，每节之间应连接牢固，应有防脱落保护措施。

③溜筒运输混凝土适用于竖井（倒虹吸洞身段）、斜管段（倒虹吸进出口斜坡段）混凝土运输，施工倾角 30° ~ 90°。溜筒落料口要有缓冲装置连接串筒下料至仓面，最大骨料粒径不应大于溜筒直径的 1/3。

④溜筒垂直运输混凝土时，溜筒高度宜在 15.0 m 以内。倾斜运输混凝土时，溜筒长度宜在 25.0 m 以内；混凝土的坍落度要根据试验确定，一般为 8 ~ 12 cm。施工时要根据进入仓面的混凝土的和易性情况调整坍落度，必要时要二次搅拌后再行浇筑。

⑤注意及时更换磨损严重的溜筒，要有专用卷扬机吊栏处理堵管，堵料不严重时宜敲击，严重时更换管。

⑥溜槽运输混凝土适用于倾角为 30° ~ 50° 的施工范围，运输长度在 100 m 以内。

⑦溜槽上不要设保护盖，防止骨料溅出伤人，槽内要设缓冲挡板，控制混凝土的下槽速度。混凝土宜用二级级配以下混凝土，需要三级级配时，可经试验确定，要根据施工试验确定混凝土坍落度，并在施工中随时调整，一般坍落度宜在 14 ~ 16 cm。

（10）用混凝土泵运输混凝土时，应遵守下列规定：

①混凝土应加外加剂，并应符合泵送的要求。进泵的坍落度一般宜在 8 ~ 18 cm。

②最大骨料粒径应不大于导管直径的 1/3，并不应有超径骨料进入混凝土泵。

③安装导管前,应彻底清除管内污物及水泥砂浆,并用压力水冲洗。安装后要注意检查,防止漏浆。在泵送混凝土之前,应先在导管内通水泥砂浆。

④应保持泵送混凝土工作的连续性,如因故中断,则应经常使混凝土泵转动,以免导管堵塞。在正常温度下如间隔时间过久(超过45 min),应将存留在导管内的混凝土排出,并加以清洗。

⑤泵送混凝土工作告一段落后,应及时用压力水将进料斗和导管冲洗干净。

(九)混凝土浇筑的施工技术要求

(1)建筑物地基必须验收合格后,方可进行混凝土浇筑的准备工作。

(2)混凝土浇筑前应详细检查有关准备工作、地基处理、清基情况,检查模板钢筋、预埋件及止水设施等是否符合设计要求,并应做好记录。

(3)基岩面和老混凝土上的迎水面浇筑仓,在浇筑第一层混凝土前,必须先铺一层2~3 cm的水泥砂浆;其他仓面若不铺水泥砂浆应有专门论证。

砂浆的水灰比应较混凝土的水灰比减少0.03~0.05。一次铺设的砂浆面积应与混凝土浇筑强度相适应,铺设工艺应保证新混凝土与基岩或老混凝土结合良好。

(4)浇筑混凝土层的厚度,应根据拌和能力、运输距离、浇筑速度、气温及振捣器的性能等因素确定,并分层进行,方向有序,使混凝土均匀上升。

(5)浇入仓内的混凝土应随浇随平仓,不得堆积于仓内。若有粗骨料堆叠,应均匀地分部于砂浆较多处,但不得用砂浆覆盖,以免造成内部蜂窝。在倾斜面上浇筑混凝土时,应从低处开始浇筑,浇筑面积应保持水平。

(6)混凝土浇筑时应保持连续性,如发现混凝土和易性较差,必须采取加强振捣的措施,严禁在仓内加水,以保证混凝土的质量。浇筑混凝土的允许间歇时间可通过试验确定,或参照表5-33中的规定。

表5-33　浇筑混凝土的允许间歇时间

混凝土浇筑的 气温(℃)	允许间歇时间(min)	
	中热硅酸盐水泥、硅酸盐水泥、 普通硅酸盐水泥	低热矿渣硅酸盐水泥、矿渣硅酸盐 水泥、火山灰质硅酸盐水泥
20~30	90	120
10~20	135	180
5~10	195	—

注:本表数值未考虑外加剂、混合材料及其他特殊施工措施的影响。

(7)混凝土工作缝的处理,应按下列规定进行:

①已浇好的混凝土,在强度尚未达到2.5 MPa前不得进行上一层混凝土浇筑的准备工作。

②混凝土表面应用压力水、风砂枪或刷毛机等加工成毛面并清洗干净,排除积水。

③混凝土浇筑时间,如表面泌水较多,应及时研究减少泌水的措施。仓内的泌水必须及时排除。严禁在模板上开孔赶水,带走灰浆。

④混凝土应使用振捣器振捣。每一位置的振捣时间以混凝土不再显著下沉、不出现

气泡,并开始泛浆为准。

⑤振捣器前后两次插入混凝土中的间距应不超过振捣器有效半径的1.5倍。

⑥振捣器宜垂直插入混凝土中,按顺序一次振捣,如略微倾斜,则倾斜方向应保持一致,以免漏振。

⑦振捣上层混凝土时,应将振捣器插入下层混凝土5 cm左右,以加强上下层混凝土的结合。

⑧振捣器距模板的垂直距离不应小于振捣器有效半径的1/2,并不得触动钢筋及预埋件。

⑨在浇筑仓内,无法使用振捣器的部位,如止水片、止浆片等周围,应辅以人工捣固,使其密实。

⑩结构物设计顶面的混凝土浇筑完毕后,应平整,其高程符合设计要求。

(十) 养护

(1)混凝土浇筑完毕后,应及时洒水养护,保持混凝土表面湿润。

(2)混凝土表面养护的要求:

①养护前宜避免太阳光暴晒。

②塑性混凝土应在浇筑完毕后6~18 h内开始洒水养护,低塑性混凝土宜在浇筑完后立即喷雾养护,并及早开始洒水养护。

③混凝土应连续养护,养护期内始终使混凝土表面保持湿润。

(3)混凝土养护时间不宜少于28 d,有特殊要求的部位宜适当延长养护时间。

(4)混凝土养护应有专人负责,并应做好养护记录。

(十一) 特殊气候条件下,混凝土的施工技术要求

1. 低温季节混凝土施工的质量要求

(1)低温季节(指日平均温度连续5 d低于5 ℃或最低温度稳定在-3 ℃以下的季节)混凝土施工时,应密切注意天气预报,防止混凝土遭受寒潮和霜冻的侵袭,加强新老混凝土防冻裂的保护措施。

(2)低温季节施工时,必须有专门的施工组织设计和可靠的措施,以保证混凝土满足设计规定的抗压、抗冻、抗渗、抗裂等的各项指标。

(3)混凝土允许受冻的临界强度,应控制在以下范围。

①大体积混凝土($M < 5$):

$$M = \frac{A(结构全部表面积)}{V(结构体积)} \tag{5-3}$$

式中 M——大体积与非大体积的划分标准,采用表面系数。

②非大体积混凝土($M \geq 5$):

a. 混凝土强度等级大于C10时,硅酸盐水泥或普通硅酸盐水泥配置的混凝土,为设计强度等级的30%;矿渣硅酸盐水泥配置的混凝土,为设计强度等级的40%。

b. 混凝土强度等级小于或等于C10时,素混凝土或钢筋混凝土,均应不大于5.0

MPa。

c. 施工期间采用的加热、保温防冻材料,应事前准备好,并且应有防火措施。

d. 低温季节施工的混凝土外加剂(减水、引气、早强、抗冻型)的产品质量应符合国家行业标准,其掺量要通过混凝土试验确定,并不定期随机抽查。

e. 原材料加热、输送、储存和混凝土的拌和、运输、浇筑设备,均应根据热工计算结合实际的气象资料采取适当的保温措施。

f. 在浇筑过程中,应注意控制并及时调节混凝土的温度,保持浇筑温度均一。控制方法以调节拌和水温为宜。

g. 混凝土浇筑完后,外露表面应及时保温,防冻防风干。保温层厚度应是其他面积的2倍,搭接保温层应密实,其长度不应少于50 cm。

h. 在低温季节施工的模板,一般在整个低温期间不宜拆除。

2. 高温季节混凝土的施工技术要求

(1)应该严格控制混凝土浇筑温度,混凝土最高温度不得超过28 ℃,并应符合设计规定。

(2)混凝土浇筑的分段、分缝、分块高度及浇筑间歇时间等均应符合设计规定,在施工过程中,各分块应均匀上升,相邻块的高差不宜超过10～20 m。

(3)为了防止裂缝,必须从结构设计、温度控制、原材料选择、配合比优化、施工安排、施工质量、混凝土的表面保护和养护等方面采取综合措施。

(4)降低混凝土浇筑温度的主要措施:

①为降低骨料温度,对成品料场的骨料,堆高一般不宜低于8 m,并应有足够的储备。

②通过地垄取料。

③搭盖凉棚、喷水雾降温。

④粗骨料预冷可采用风冷法、浸水法、喷洒冷水法等措施。如用水冷法时,应有脱水措施,使骨料含水量保持稳定。在拌和楼顶部料仓使用风冷法时,应采取有效措施防止骨料冻仓。

⑤为防止温度回升,骨料从预冷仓到拌和楼,应采取隔热降温措施。

⑥混凝土拌和时,可采用低温水、加冰等降温措施,加冰时,可用冰片或冰屑,并适当延长拌和时间。

(5)高温季节施工时,应根据具体情况采取下列措施,以减少混凝土温度的回升。

①缩短混凝土的运输时间,入仓后对混凝土及时进行平仓振捣,加快混凝土的入仓覆盖速度,缩短混凝土的暴晒时间。

②混凝土运输工具应有隔热措施,如遮阳伞等。

③宜采用喷水雾等方法,以降低仓面周围的气温。

④混凝土浇筑应尽量安排在早晚、夜间以及阴天进行。

⑤当浇筑尺寸较大时,可采用台阶式浇筑法,浇筑块高度应小于1.5 m。

⑥入仓后的混凝土平仓振捣完至下一层混凝土下料之前,宜采用隔热保温被将其顶

面接头部覆盖。

（6）基础部分的混凝土宜利用有利条件（有利季节）进行浇筑。如须在高温季节浇筑，必须经过充分论证，并采取有效措施经设计、监理同意后方可进行浇筑。

（7）减少混凝土水化热温升的主要措施：

①在满足混凝土各项设计指标的前提下，应采用加大骨料粒径，改善骨料级配，掺用掺合料、外加剂和降低混凝土坍落度等综合措施，合理地减少单位水泥用量，并尽量选用水化热低的水泥。

②为有利于混凝土浇筑块的散热，基础和老混凝土的约束部位浇筑块厚以 1~2 m 为宜，但可采用浇筑层间埋设冷却水管技术。浇筑块厚也可采用 3 m 以上，上下层浇筑间歇时间宜为 8~10 d。在高温季节，有条件时，还可采用表面流水冷却的方法散热。

③采用冷却水管进行初期冷却时，通水时间由计算确定，一般为 15~20 d，混凝土温度与水温之差，以不超过 25 ℃为宜。对于 φ25 mm 的金属水管，管中流速以 0.6 m/s 为宜。对于 φ28 mm 聚乙烯水管，管中流速以 0.5~1.0 m/s 为宜。水流方向应每天改变 1~2次，使所浇建筑物冷却较均匀，每天降温不超过 1 ℃。

（8）表面保护和养护的施工技术：

①气温骤降季节，基础混凝土、建筑物上游面顶面及其他重要部位应进行早期表面保护。

②高温季节应对收仓仓面及时进行流水养护，对Ⅰ级建筑物上下游面宜做到常年流水养护，养护时间不少于设计龄期，水层厚度应通过计算确定。

③在气温变幅较大的地区，长期暴露的基础混凝土及其他重要部位，必须妥善加以保护。寒冷地区的老混凝土，在冬季停工前应尽量使各浇筑块齐平，其表面保护措施可根据各地具体情况拟订。

④模板拆除时间应根据混凝土已达到的强度及混凝土的内外温差而定，但应避免在夜间或气温骤降期拆模。在气温较低的季节，当预计拆模后，混凝土表面温度降到超过 6 ℃时，应推迟拆模时间，如必须拆模应立即采取保护措施。

⑤混凝土表面保护应结合模板类型、材料等综合考虑，必要时采用模板内贴保温材料或混凝土预制模板。

⑥混凝土表面保温的保护层厚度应根据不同部位、结构、不同的保温材料和气候条件计算确定。

⑦在混凝土施工过程中，应每 1~3 h 测量一次混凝土原材料的温度、机口混凝土温度，并有专人记录。

（9）雨季混凝土施工的技术要求。

①雨季施工应做好下列工作：

a.砂石料场的排水设施应畅通无阻。

b.运输工具应有防雨及防滑措施。

c.浇筑仓面应有防雨措施，并备有不透水覆盖材料。

d. 增加骨料含水量的测定次数，及时调整拌和用水量。

②中雨、大雨、暴雨天气不得进行混凝土施工，有抗冲、耐磨和有抹面要求的混凝土不得在雨天施工。

③在小雨天进行混凝土浇筑时，应采取下列措施：

a. 适当减少混凝土拌和用水量。

b. 加强仓内排水和防止周围雨水流入仓内。

c. 做好新浇混凝土面，尤其是接头部位的保护工作。

④在混凝土浇筑过程中，如遇中雨、暴雨、大雨，应将已入仓的混凝土振捣密实，立即停止浇筑，并遮盖混凝土表面。雨后必须先排除仓内积水，对受雨水冲刷的部位应立即处理；如停止浇筑的混凝土尚未超过允许间歇时间或还能重塑，应加铺至少与混凝土同强度等级砂浆后方可复仓浇筑，否则应停仓并按施工缝处理。

二、河南省水利第一工程局项目部混凝土施工技术要求

混凝土施工的内容包括混凝土生产（混凝土材料、配合比设计、混凝土拌制及取样和检验等）、止水、伸缩缝施工、混凝土运输、浇筑养护以及温度控制等。

（一）模板的基本要求

（1）为了得到要求的结构物形状，或许限制混凝土流动的任何地方，都需设置模板。

（2）模板要求有足够的强度和刚度，以承受荷载、满足稳定性要求、不变形走样等，有足够的密封性，以保证不漏浆。

（3）有关模板的设计、选型、材料、制作、安装、拆除及维修等应遵循《水工混凝土施工规范》（DL/T 5144—2001）中有关规定。

（4）尽可能采用钢模板，混凝土浇筑要求内实外光，保证表面平整光滑。

（二）材料

（1）模板的材料宜选用钢材、胶合板等，模板支架材料宜选用钢材，各种材料的材质应符合有关专门规定。当采用木材时，材质不宜低于Ⅲ等材，腐朽、严重扭曲、脆性的木材不应用做木模材料。

（2）模板及其支架必须符合下列规定：

①保证工程结构和构件各部分形状尺寸和相互位置正确。

②具有足够的承载力、刚度和稳定性，能可靠地承受新浇混凝土的自重和侧压力，以及在施工过程中所产生的荷载。

③构造简单，装卸方便，并便于钢筋绑扎、安装和混凝土的浇筑及养护等。

④模板的接缝不漏水、漏浆。

⑤钢模板面板厚度应不小于 3 mm，钢模板面应尽量光滑，不容许有凹坑、皱褶及其他表面缺陷。

⑥模板与混凝土的接触面应涂隔离剂，对油质类等影响结构或妨碍装饰工程施工的隔离剂不宜采用。严禁隔离剂沾污钢筋及混凝土的接触面。

⑦模板的金属支撑杆(如拉杆、钢筋及其他锚固件等),材料应符合有关专门规定。

(三)模板安装

(1)模板安装时必须按照混凝土结构的施工详图测量放样,模板在安装过程中必须保持足够的临时固定设施,以防倾覆。

(2)模板质检的接缝必须平整,模板之间不应有"错台"。

(3)模板及支架上,严禁堆放超过设计荷载的材料及设备。

(4)混凝土浇筑过程中应经常检查,调整模板的形状及位置。模板如有变形走样,应立即采取有效措施,予以矫正,否则应停止混凝土浇筑工作。

(四)模板的拆除事项

(1)拆除模板的期限:不承重模板的拆除,应在混凝土强度达到其表面及棱角不因拆模而损伤时,方可拆除,在墩、墙和柱部位,在其强度不低于 3 MPa 时,方可拆除。

钢筋混凝土结构的承重模板,应在混凝土达到下列强度后(按混凝土强度等级的百分率计),才能拆除。

悬臂板、梁:跨度≤2 m 时达 70%;跨度>2 m 时达 100%。

其他梁、板、拱:跨度≤2 m 时达 50%;跨度 2~8 m 时达 70%;跨度>8 m 时达 100%。

(2)拆除模板应使用专门工具,以减少混凝土及模板的损伤。

(3)拆下的模板支架及配件应及时清理、维修,并分类堆存,妥善保管。

(4)允许偏差:模板制作与安装的允许误差,需保证设计及监理文件对结构物外观质量的要求。

(五)钢筋制安的技术要求

1. 总则

所有钢筋均按施工详图及有关文件要求进行,钢筋均不应有剥落层、锈蚀和结垢,也不应有油污、润滑油、泥浆、灰浆,其他可能破坏或降低钢筋与混凝土或砂浆握裹力的涂层。钢筋的安装不应与混凝土浇筑同时进行,也不可在无适当措施能使钢筋定位的情况下浇筑混凝土。混凝土需要分阶段浇筑时,则必须在浇筑下一阶段混凝土前清除掉黏附在钢筋上的灰浆。

所有钢筋均应用监理人员批准的金属或混凝土垫块、补垫或连接件固定。这些支撑应有足够的强度和数量,以保证在混凝土浇筑过程中钢筋不会拉移。而且,这些支撑不应暴露在混凝土的外面,也不应使混凝土受到诸如磨损或污染之类的损坏。

2. 钢筋材料的要求

(1)钢筋的种类、钢号、直径等均应符合施工详图及有关设计文件的规定。热轧钢筋的性能必须符合国家标准《钢筋混凝土用钢第一部分:热轧光圆钢筋》(GB 1499.1—2007)和《钢筋混凝土用钢第二部分:热轧带肋钢筋》(GB 1499.2—2007)中的要求。

(2)钢筋应有出厂证明书或试验报告单。使用前,仍应做拉力、冷弯试验。需要焊接的钢筋应做焊接工艺试验。

(3)钢筋应选用"具有先进生产工艺和装备,并且产量在 200 万 t 及以上的国家大型钢铁生产企业"的产品。

3. 钢筋的加工技术要求

（1）钢筋的调直和清除污锈应符合下列要求：

①钢筋的表面应洁净，使用前应将表面油渍、漆污、锈皮、鳞锈等清除干净。

②钢筋应平直，无局部弯折，钢筋中心线同直线的偏差不应超过全长的1%。

③钢筋在调直机上调直后，其表面伤痕不得使钢筋截面面积减少5%以上。

④如用冷拉方法调直钢筋，则其矫直冷拉率不得大于1%。

（2）切割和打弯钢筋可在工厂或现场进行。弯曲应根据经批准的方法并用经批准的机具来完成。不允许加热打弯。图纸上没有标明但已被弯曲或扭弯的钢筋不能再用。

4. 钢筋的安装要求

（1）钢筋的安装位置、间距、保护层及各部分钢筋的大小尺寸，均应符合施工详图及有关文件的规定。钢筋保护层按施工详图要求布置与预留。

（2）现场焊接或绑扎的钢筋网，其钢筋交叉的连接，应按设计文件的规定进行。如设计文件未作规定且钢筋直径在25 mm以下时，两行钢筋的相交点按50%的交叉点进行绑扎。

（3）安装后的钢筋，应有足够的刚性和稳定性。预先绑扎和焊接的钢筋网及钢筋骨架，在运输和安装过程中应采取措施避免变形、开焊及松脱。

（4）在钢筋架设完毕，浇筑混凝土之前，须按照设计图纸和《水工混凝土施工规范》（DL/T 5144—2001）的标准进行详细检查，并做好检查记录。检查合格的钢筋，如长期暴露，应在混凝土浇筑之前重新检查，合格后方能浇筑混凝土。

（5）在钢筋架设安装后，应及时妥善保护，避免发生错动和变形。

（6）在混凝土浇筑过程中，应安排值班人员经常检查钢筋架立位置，如发现变动应及时矫正。严禁为方便混凝土浇筑擅自移动或割除钢筋。

5. 钢筋接头

（1）钢筋的接头应按设计要求，并且符合《水工混凝土施工规范》（DL/T 5144—2001）中的要求。钢筋焊接处的屈服强度应为钢筋屈服强度的1.25倍。

（2）在加工厂中，钢筋的接头应采用闪光对头焊接。当不能进行闪光对头焊接时，宜采用电弧焊（搭接焊、帮条焊、熔槽焊等）。现场焊接钢筋直径在28 mm以下时，宜用手工电弧焊（搭接），直径在25 mm以下的钢筋接头可采用绑扎接头。

（3）焊接钢筋时，接头应将施焊范围内的浮锈、漆污、油渍等清除干净。

（4）在低温下焊接钢筋时，应有防风、防雪措施。手工电弧焊应选用优质焊条。接头焊毕后，应避免立即接触冰、雪。雨天进行露天焊接，必须有可靠的防雨和安全措施。

（5）焊接钢筋的工人必须有相应的考试合格证件。

（6）钢筋接头应分散布置。配置在"同一截面内"的下述受力钢筋，其接头的截面面积占受力钢筋总面积的百分率不超过25%。焊接与绑扎接头距钢筋弯起点不小于10倍钢筋直径，也不应在最大弯矩处，两钢筋接头相距在30d或50 cm以内，两绑扎接头的中距在绑扎搭接长度以内,均作为同一截面。

(7)使用机械连接时,应将所使用的连接材料、工艺及连接方法等报监理批准,并遵循相关规范的规定。

6. 钢筋安装的允许误差

钢筋加工安装的允许误差均应严格按照施工详图及有关文件规定执行。如无专门规定,钢筋加工和安装的允许误差,则遵照表5-20和表5-21中的规定执行。

7. 质量检查和检验

(1)钢筋的机械性能检验应遵守《水工混凝土钢筋施工规范》(DL/T 5169—2002)第4.2.2条规定。

(2)钢筋的接头质量检验应按《水工混凝土钢筋施工规范》(DL/T 5169—2002)第6.2节的要求进行,其中气压焊应符合《水工混凝土钢筋施工规范》(DL/T 5169—2002)第6.2.8条的规定,机械连接应符合《水工混凝土钢筋施工规范》(DL/T 5169—2002)第6.2.9条规定。

(3)钢筋架设完成后,应按规定和施工图纸要求进行检查和检验,并做好记录。若安装好的钢筋和锚筋生锈,应进行现场除锈,对于锈蚀严重的钢筋应予更换。

(4)在混凝土浇筑施工前,应检查现场钢筋的架立位置,如发现钢筋位置变动应及时校正,严禁在混凝土浇筑中擅自移动或割除钢筋。

(5)钢筋的安装和清理完成后,应会同监理在混凝土浇筑前进行检查和验收,并做好记录,经监理签字后才能浇筑混凝土。

(六)混凝土的浇筑施工要求

混凝土可分为一般混凝土和预制混凝土。混凝土应由水泥、水、粗细骨料、掺合料以及外加剂等组成。水工混凝土应遵循规范的要求,在混凝土施工前进行配合比试验,并满足设计文件和规范的要求,如耐久性、抗渗性、强度、抗裂性等要求,并满足混凝土施工强度保证率、均质性指标及和易性要求。在满足和易性的条件下应尽可能减少混凝土用水量。完工后的结构物混凝土表面的外观应良好。

1. 对混凝土原材料的要求

(1)水泥:应选择具有日产2 000 t及以上新型干法生产线的国家大型水泥生产企业的产品,并应遵守《通用硅酸盐水泥》(GB 175—2007)的有关规定。每批水泥都应有出厂合格证及化验单。

(2)粉煤灰:粉煤灰的质量应符合《用于水泥和混凝土中的粉煤灰》(GB 1596—2005)中的有关规定。

(3)骨料:砂石骨料的质量、运输、存放等应符合《水工混凝土施工规范》(DL/T 5144—2001)的有关规定。

①细骨料:应质地坚硬、清洁、级配良好,不应有活性骨粒,尽量避免针片状。含水量应均衡,不大于6%,净料中多余的水分应考虑以足够的堆存脱水时间等措施来解决。细度模数一般为2.4~3.0,按《水工混凝土试验规程》(SL 352—2006)中试验方法测定。

②粗骨料:应质地坚硬、洁净、级配良好。其配合比应连续级配,采用最佳密实度、最大容重来确定。当最大粒径为 40 mm 时,分成 5~20 mm 和 20~40 mm 两级。

③外加剂:混凝土所采用的具有引气、减水、缓凝等作用的优质复合型外加剂,其品质应符合《混凝土外加剂》(GB 8076—1997)的规定,且生产厂家有一定生产规模和质量保证体系,质量均匀稳定,并有出厂合格证。

④水:凡适宜饮用的水均可使用,未经处理的工业废水不得使用。水的 pH 值、不溶物、可溶物、氯化物、硫酸盐、硫化物的含量应符合《水工混凝土施工规范》(DL/T 5144—2001)的规定。

2. 混凝土配合比试验

混凝土配合比设计应通过室内试验成果来验证和调整,常态混凝土的坍落度如表 5-34 中的规定。

表 5-34　常态混凝土的坍落度

混凝土类别	浇筑地点混凝土坍落度(cm)
素混凝土或少筋混凝土	1~4
配筋率不超过 1% 的钢筋混凝土	3~6
配筋率超过 1% 的钢筋混凝土	5~9
泵送混凝土	12~18

混凝土取样试验:

(1)选用材料及其产品质量证明书。

(2)试件的配料,拌和时间和外形尺寸。

(3)试件的制作和养护说明。

(4)试验成果及其说明。

(5)不同水胶比与不同龄期的混凝土强度曲线及数据。

(6)不同掺合料掺量与强度关系曲线及数据。

(7)各种龄期混凝土的容重、抗压强度、抗拉强度、极限拉伸值、弹性模量、泊松比、坍落度和初凝时间、终凝时间等试验资料。

3. 混凝土的运输

(1)基本要求:混凝土应连续、均衡、快速及时地从拌和楼运到浇筑地点,运输过程中混凝土不允许有骨料分离、漏浆、严重泌水、干燥以及坍落度产生过大的变化。夏季运输设备应有遮阳措施,并尽量缩短运输时间,减少转运次数,减少温度回升,因故停歇过久,已经初凝的混凝土应作废料处理。在任何情况下严禁混凝土在运输途中加水后运入仓内。选用的混凝土设备运输能力应与拌和、浇筑能力、仓面具体情况及钢筋、模板吊运的需要相适应。运输过程中转料及卸料时,混凝土最大自由下落高度应控制在 2 m 以内。运输工具投入运行前须经全面检查及清洗。混凝土装载、托运方法及设备须经监理认可或批准。

（2）汽车运输：汽车运输混凝土必须遵循《水工混凝土施工规范》（DL/T 5144—2001）中的有关规定。运输道路应保持平整。

（3）混凝土泵运送：采用泵送混凝土时，应遵循《水工混凝土施工规范》（DL/T 5144—2001）中的有关规定，应保证泵送混凝土工作的连续性，如因故中断，应经常使混凝土泵转动，以免导管堵塞。在正常温度下，如间歇时间过久（超过 45 min），应将留在导管内的混凝土排除，并加以清洗。

（4）起重机吊运混凝土，应根据浇筑仓面面积选用容积适合的吊罐，起重机吊运混凝土时生产率应满足混凝土浇筑坯允许暴露时间要求，卸料时，混凝土自由下落高度不得大于 2 m。

（5）其他运输机具：必须遵循《水工混凝土施工规范》（DL/T 5144—2001）中的有关规定。未经专门论证、现场试验及监理书面批准，不得采用自卸汽车运送混凝土直接入仓浇筑。采用溜槽转运混凝土也须经监理同意。

4. 混凝土的浇筑

1）基本要求

（1）浇筑前必须详细地设计混凝土仓面浇筑工艺，并填写工艺设计图标，报监理批准。工艺设计主要包括浇筑块单元面积、编码、结构形状、各种混凝土的工程量、浇筑方法、浇筑时间和手段，仓面设备及人员配备、温度控制措施、浇筑注意事项及有关示意图等内容。

（2）混凝土浇筑应根据建筑物类型分别满足《水工混凝土施工规范》（DL/T 5144—2001）及国家颁布的其他混凝土施工规范中的有关规定。所有混凝土浇筑方法及设备，都必须得到监理批准后方可使用。所有混凝土施工均应在干地进行。混凝土在浇筑过程中直到硬化前，其表面不应有流水。

（3）混凝土浇筑过程中不应产生骨料分离，如有分离，必须及时采取有效措施予以解决。

（4）应加强混凝土拌和、运输、浇筑仓面作业各个环节的管理，并配置充足的浇筑设备。

（5）在混凝土浇筑之前，应事先检查（三检制）以说明该部位的仓面基础是否清洁，模板、钢筋、土工膜等准备工作的完成情况，施工设备的技术状况，并报监理进行验仓后方可浇筑。

（6）混凝土浇筑应保持连续性。混凝土浇筑的允许间歇时间通过试验确定。所浇入仓内的混凝土应随浇随平仓，不得堆积仓内。若有粗骨料堆积，应将堆积的骨料均匀散铺至砂浆较多处，但不得用水泥砂浆覆盖，以免造成内部蜂窝。

（7）不合格的混凝土料严禁入仓，拌制好的混凝土不得重新拌和。凡已变硬的，而不能保证正常浇筑作业的混凝土，必须清除、废弃。浇筑混凝土时严禁在仓内加水。浇筑过程中，如果混凝土表面泌水较多，应及时清除，并研究减少泌水的措施，严禁在模板上开孔赶水，带走灰浆。

2）混凝土平仓振捣的要求

（1）混凝土浇筑时应使用振捣器将混凝土捣实，至可能的最大密实度，每一位置的振捣时间以混凝土不再显著下沉、不出现气泡并开始泛浆时为准。同时应避免振捣过度，钢筋密集的板梁结构用软管振捣器振捣。振捣器距模板的垂直距离不应小于振捣器有效半径的1/2，并不得触动钢筋、止水及预埋件。浇筑的第一坯混凝土以及在两罐混凝土卸料后的接触处应加强振捣。振捣器无法作业的部位辅以人工捣实。

（2）仓面平仓和振捣作业必须与浇筑能力相匹配，仓面、振捣应按顺序进行，以免造成漏振。尤其对于钢筋较密集部位应采取有效措施加强平仓振捣，防止漏振。

3）混凝土浇筑层厚

混凝土浇筑分层按设计要求进行，大体积混凝土基础约束取浇筑层厚，一般采用1～2 m，脱离约束区可适当加厚。

4）层间间歇时间

层间间歇时间应根据结构特性、气温、浇筑层厚等确定，如无特别指示和批准，间歇时间应不少于3 d，也不宜大于10 d。

5）温控防裂措施

根据施工图纸所示的建筑物分缝、分块尺寸，混凝土浇筑计划等要求，编制详细的温控防裂措施。

（1）降低混凝土浇筑温度。

①采用遮阳冷水（冷气）预冷骨料。

②采用加冷水和碎冰拌和混凝土。

③运输混凝土工具应有隔热遮阳措施，缩短混凝土暴晒时间。

④采用喷雾等措施降低仓面的气温，并将混凝土浇筑尽量安排在早间和夜间施工。

⑤采用仓面混凝土铺彩条聚乙烯隔热板等措施。

（2）降低混凝土的水化热温升。

①选用水化热低的水泥。

②在满足施工图纸要求的混凝土强度、耐久性、和易性的前提下，改善混凝土骨料级配，加优质的掺合料和外加剂以适当减少单位水泥用量。

③控制浇筑层最大高度和间歇时间。

④在高温季节，有条件部位可采用表面流水冷却的方法进行散热。

（3）加强表面保护。

当日平均气温在2～3 d内连续下降超过（含等于）6 ℃时，28 d龄期内混凝土表面必须进行表面保温保护。尤其应重视基础约束区重要结构部位及棱角和突出部分的表面保护。

6）恶劣气候下施工

（1）高温及低温季节，雨季施工应遵照《水工混凝土施工规范》（DL/T 5144—2001）中的有关规定进行。

（2）施工期间应加强气象预报工作，如出现异常不利天气，诸如大雨、严寒、大雪等，应终止混凝土浇筑。

（3）雨天浇筑混凝土必须有妥当防护措施才能继续浇筑混凝土，突遇中雨又不能立即采取有效的防护措施时，必须停止浇筑混凝土。

7）混凝土外观质量要求

（1）各建筑物轮廓点、测量放样点点位中误差及平面位置误差分配按表 5-35 控制。

表 5-35　建筑物轮廓点、测量放样点点位中误差及平面位置误差分配

点位中误差（mm）		平面位置误差分配（mm）	
平面	高程	轴线点（测站点）	测量放样
20	20	17	10

（2）各建筑物混凝土一般结构竖向偏差，按表 5-36 控制。

表 5-36　建筑物一般结构竖向偏差

建筑物	相邻两层对接中心线相对偏差（m）	相对基础中心线偏差（mm）	累计偏差（mm）
一般结构	5	$H/1\,000$	30

第四节　倒虹吸伸缩缝及止水的施工技术

为了提高水工建筑物接缝止水带的技术水平，防止或减少由于接缝渗漏造成的危害和损失，确保水工建筑物发挥效益，尤其是倒虹吸属于地下工程的伸缩缝止水带，是工程中的最关键部位，故要求止水带应当止水可靠、耐久，而且安装简便，能与混凝土良好地结合，所以应鼓励采用经过试验论证或通过技术鉴定的新技术、新材料和新工艺。

一、止水带的型式、尺寸和材质

水工建筑物接缝的止水带主要是指橡胶止水带、塑料止水带、铜止水带和不锈钢止水带。各种止水带应通过国家计量认证的检验部门检验合格，其一般规定如下。

（1）止水带型式和尺寸的确定应考虑下列因素：

①由接缝变位及缝内水压力引起的最大可能应力应小于材料的设计强度。设计强度的取值应考虑尺寸效应、蠕变等因素的影响。

②在水压力和接缝位移的作用下，止水带应不发生绕渗或尽量避免发生绕渗。

③应考虑水源对止水带侵蚀的影响。

④应考虑制造工艺和施工的影响，钢筋混凝土结构中的止水带应考虑钢筋布置的影响。

（2）施工缝可采用平板型止水带。变形缝的止水带可伸展长度应大于接缝位移矢径

长。止水带的翼板长度和是否采用复合型止水带,应根据抗绕渗要求确定。

(3)当运行期环境温度较低时,不宜选用 PVC 止水带。当止水带运行期暴露于大气、阳光下时,应选用抗老化性能强的合成橡胶止水带、铜或不锈钢止水带。采用多道止水带止水并有抗震要求时,宜采用不同材质的止水带。

(4)开敞型止水带的开口朝向宜考虑结构受力和施工的影响。

(5)止水带的接头位置,应避开接缝剪切位移大的部位。

(6)止水带离混凝土表面的距离宜为 200 ~ 250 mm,特殊情况下可适当减小。

(7)止水带埋入基岩内的深度为 300 ~ 500 mm,必要时可插锚筋。止水带距基岩槽壁不得小于 100 mm。

(8)止水带的型式,如图 5-9 ~ 图 5-15 所示。

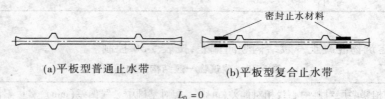

(a)平板型普通止水带　　　　　(b)平板型复合止水带

$$L_0 = 0$$

图 5-9　平板型止水带

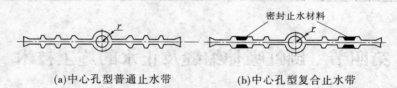

(a)中心孔型普通止水带　　　　(b)中心孔型复合止水带

$$L_0 = r(\pi - 2)$$

图 5-10　中心孔型止水带

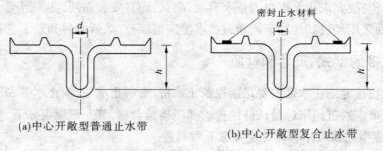

(a)中心开敞型普通止水带　　　　(b)中心开敞型复合止水带

$$L_0 = 2h - 0.43d$$

图 5-11　中心开敞型止水带

(9)各止水带的材质要求:主要是其物理力学性能和复合性能方面的要求。

①橡胶和塑料止水带的材质要求:橡胶和 PVC 止水带的厚度宜为 6 ~ 12 mm。当水压力和接缝位移较大时,应在止水带下设置支撑体。

②橡胶止水带的物理力学性能应满足表 5-37 中的要求,PVC 止水带的物理力学性能应满足表 5-38 的要求。

(a)波型普通止水带

(b)波型复合止水带

$$L_0 = 8r(\pi - 2)$$

图 5-12　波型止水带

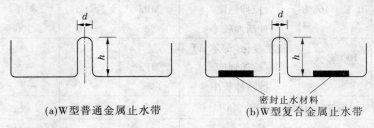

(a)W型普通金属止水带　　　　(b)W型复合金属止水带

$$L_0 = 2h - 0.43d$$

图 5-13　W 型金属止水带

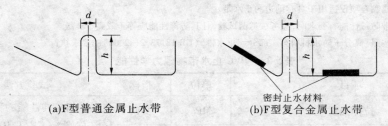

(a)F型普通金属止水带　　　　(b)F型复合金属止水带

$$L_0 = 2h - 0.43d$$

图 5-14　F 型金属止水带

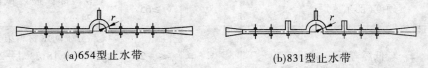

(a)654型止水带　　　　　　　(b)831型止水带

$$L_0 = r(\pi - 2)$$

图 5-15　Ω 型止水带

表 5-37　橡胶止水带物理力学性能

	项　目		单位	指标		
				B	S	J
1	硬度(绍尔 A)		°	60 ± 5	60 ± 5	60 ± 5
2	拉伸强度		MPa	$\geqslant 15$	$\geqslant 12$	$\geqslant 10$
3	扯断伸长率		%	$\geqslant 380$	$\geqslant 380$	$\geqslant 300$
4	压缩永久变形	70 ℃ × 24 h	%	$\leqslant 35$	$\leqslant 35$	$\leqslant 35$
		23 ℃ × 168 h	%	$\leqslant 20$	$\leqslant 20$	$\leqslant 20$

项目		单位	指标		
			B	S	J
5	撕裂强度	kN/m	≥30	≥25	≥25
6	脆性温度	℃	≤ −45	≤ −40	≤ −40
7	热空气老化	70 ℃ ×168 h 硬度变化(邵尔 A)	°	≤ +8	≤ +8	—
		70 ℃ ×168 h 拉伸强度	MPa	≥12	≥10	—
		70 ℃ ×168 h 扯断伸长率	%	≥300	≥300	—
		100 ℃ × 168 h 硬度变化(邵尔 A)	°	—	—	≤ +8
		100 ℃ × 168 h 拉伸强度	MPa	—	—	≥9
		100 ℃ × 168 h 扯断伸长率	%	—	—	≥250
8	臭氧老化 50×10⁻⁶ m:20%,48 h	—	2 级	2 级	0 级
9	橡胶与金属黏合	—	断面在弹性体内		

注:1. B 为适用于变形缝的止水带,S 为适用于施工缝的止水带,J 为适用于有特殊耐老化要求的接缝止水带。
2. 橡胶与金属黏合项仅适用于具有钢边的止水带。
3. 当对止水带防霉性能有要求时,应考核霉菌试验,且其防毒性能应等于或高于 2 级。
4. 试验方法按照《高分子防水材料第二部分 止水带》(GB 18173.2—2000)的要求执行。

表 5-38 PVC 止水带物理力学性能

项目		单位	指标	试验方法
拉伸强度		MPa	≥14	《塑料拉伸性能的测定第 1 部分:总则》(GB/T 1040—2006)Ⅱ型试件
扯断伸长率		%	≥300	《塑料拉伸性能的测定第 1 部分:总则》(GB/T 1040—2006)Ⅱ型试件
硬度(邵尔 A)		°	≥65	《塑料邵氏硬度试验方法》(GB 2411)
低温弯折		℃	≤ −20	《高分子防水材料第 1 部分 片材》(GB 18173.1—2006),试片厚度采用 2 mm
热空气老化 70 ℃ ×168 h	拉伸强度	MPa	≥12	《塑料拉伸性能的测定第 1 部分:总则》(GB/T 1040—2006)Ⅱ型试件
	扯断伸长率	%	≥280	
耐碱性 10% Ca(OH)₂ 常温,(23±2)℃ ×168 h	拉伸强度保持率	%	≥80	《硫化橡胶或热塑性橡胶 耐液体试验方法》(GB/T 1690—2010)
	扯断伸长率保持率	%	≥80	

③橡胶或 PVC 止水带嵌入混凝土中的宽度一般为 120～260 mm,中心变形止水带一侧应有不少于 2 个止水带肋,肋高、肋宽不宜小于止水带的厚度。

④当作用水头高于 100 m 时,宜采用复合型止水带。复合密封止水材料物理力学性能应满足表 5-39 的要求。

表 5-39　复合密封止水材料物理力学性能及复合性能

序号	项目		单位	指标	试验方法
1	浸泡质量损失率 常温×3 600 h	水	%	≤2	《水工建筑物塑性嵌缝密封材料技术标准》（DL/T 949—2005）
		饱和 Ca(OH)₂ 溶液	%	≤2	
		10% NaCl 溶液	%	≤2	
2	拉伸黏结性能	常温,干燥　断裂伸长率	%	≥300	《建筑密封材料试验方法第 8 部分　拉伸黏结性的测定》（GB/T 13477.8—2002）
		常温,干燥　黏结性能	—	不破坏	
		常温,浸泡　断裂伸长率	%	≥300	
		常温,浸泡　黏结性能	—	不破坏	
		低温,干燥　断裂伸长率	%	≥200	
		低温,干燥　黏结性能	—	不破坏	
		300 次冻融循环　断裂伸长率	%	≥300	《水工建筑物塑性嵌缝密封材料技术标准》（DL/T 949—2005）
		300 次冻融循环　黏结性能	—	不破坏	
3	流淌值(下垂度)		mm	≤2	《建筑密封材料试验方法第 6 部分　液动性的测定》（GB/T 13477.6—2002）
4	施工度(针入度)		1/10 mm	≥70	《沥青针入度测定法》（GB/T 4509—2010）
5	密度		g/cm³	≥1.15	《塑性密度和相对密度试验方法》（GB 1033）
6	复合剥离强度(常温)		N/cm	>10	对于橡胶、塑料止水带采用《胶粘剂 T 剥离强度试验方法挠性材料对挠性材料》（GB/T 2791），对于金属止水带采用《胶粘剂 T 剥离强度试验方法挠性材料对刚性材料》（GB/T 2790）

注:1. 常温指(23±2)℃。

2. 低温指(-20±2)℃。

3. 气温温和地区可以不做低温试验、冻融循环试验。

（10）铜止水带和不锈钢止水带的技术要求：

①铜止水带的厚度宜为 0.8～12 mm。

②当剪切位移较大时,铜止水带断面尺寸的确定：

a. 等效应力 σ_a 的计算：

$$\sigma_a = \frac{1}{\sqrt{2}}\sqrt{(\sigma_1 - \sigma_2)^2 + (\sigma_2 - \sigma_3)^2 + (\sigma_3 - \sigma_1)^2} \qquad (5\text{-}4)$$

式中　σ_1、σ_2、σ_3——主应力。

b. 应力水平等于等效应力与止水带标准试片强度之比。标准试片强度按《铜及铜合金带材》(GB 2059—2008)确定。止水铜片在不同接缝剪切位移时的应力水平如表 5-40 所示。

表 5-40　铜止水带在不同接缝剪切位移时的应力水平

序号	H/d	d (mm)	t (mm)	H (mm)	L_n (mm)	接缝剪切位移				
						12 mm	24 mm	36 mm	48 mm	60 mm
1	1.5	20	1.0	30	70	0.702	0.876	破坏	破坏	破坏
2	1.5	30	1.2	45	107	0.624	0.834	0.924	0.969	破坏
3	2.5	20	1.0	50	111	0.627	0.800	0.882	0.968	破坏
4	2.5	30	1.2	75	167	0.426	0.763	0.863	0.849	0.880
5	3.5	20	1.2	70	151	0.498	0.784	0.770	0.860	0.899
6	3.5	30	1.0	105	227	0.412	0.573	0.719	0.749	0.796
7	4.5	20	1.2	90	191	0.421	0.649	0.764	0.791	0.928
8	4.5	30	1.0	135	287	0.299	0.533	0.583	0.653	0.678

注：H—铜止水带鼻子直立段高度；

d—铜止水带鼻子的宽度；

t—铜止水带的厚度；

L_n—铜止水带鼻子的展开长度，$L_n = 2H + d(\pi/2 - 1)$。

c. 铜止水带鼻子直立段高度：

$$H = h - d/2 \qquad\qquad (5-5)$$

式中　h——铜止水带鼻子高度。

d. 根据铜止水带鼻子尺寸、接缝剪切位移值，通过内差由表 5-42 查出应力水平，应力水平值宜小于 0.74。

当作用水头高于 140 m 时宜采用复合型铜止水带，其复合用材料及复合性能应满足表 5-41 的要求。

使用铜带材加工止水带时，抗拉强度应不小于 2.05 MPa，伸长率应不小于 20%。铜止水带的化学成分和物理力学性能应满足《铜及铜合金带材》(GB/T 2059—2008)的规定。

二、止水带的施工技术要求

止水带现场制作和接头应注意以下几点：

(1)铜止水带宜采用带材在现场加工，以减少接头。加工模具、加工工艺方法应确保尺寸准确和止水带不被破坏。

(2)橡胶止水带接头宜采用硫化连接，PVC 止水带接头应采用焊接连接。

(3)铜止水带的接头焊接宜采用搭接或对接在双面进行，搭接长度应大于 20 mm。双面焊接实施困难时，应采用单面焊接两遍，焊接应采用黄铜焊条。

(4)止水带的接头强度与母材强度之比应满足如下要求：橡胶止水带不小于 0.6，PVC 止水带不小于 0.8，铜止水带不小于 0.7。止水带的 T 型接头宜在工厂整体加工成型。

（5）异种材料止水带的连接可采用搭接法，并用螺栓或其他方法固定。搭接面应确保不漏水。用螺栓固定时，搭接面之间应夹填密封止水材料。

三、安装和基础连接

（1）止水带的安装应符合设计要求，止水带的中心变形部分安装的误差应小于5 mm。

（2）施工中应封闭开敞型止水带的开口，防止杂物填塞开口。

（3）采用紧固件固定止水带时，紧固件必须密闭、可靠，宜将紧固件浇筑在混凝土中。采用螺栓固定止水带时，宜用锚固剂填螺栓孔，紧固件应采取防锈措施。

（4）对止水带周围的混凝土施工时，应防止止水带移位、损坏、撕裂或扭曲。止水带水平铺设时，应确保止水带下部的混凝土振捣密实。

（5）橡胶止水带和PVC止水带在运输、储存的施工过程中，应防止日光直晒、雨雪浸淋，并不得与油脂、酸、碱等物质接触。

（6）对于部分暴露在外的止水带，应采取措施进行保护，防止破坏。

（7）采用复合型止水带时，应对复合的密封止水材料进行保护。对于在现场复合的止水带，应尽量快速浇筑混凝土。

四、质量检查和验收

（1）橡胶或PVC止水带表面不允许有开裂、缺胶、海绵状等影响使用的缺陷。中心孔偏心不允许超过管状断面厚度的1/3。止水带表面允许有深度不大于2 mm、面积不大于16 mm^{2}的凹痕。气泡、杂质、明疤等缺陷，每延米不超过4处。

（2）止水带应有产品合格证和施工工艺文件，现场抽样检查每批不得少于一次。

（3）应对止水带各种施工人员进行培训。

（4）应对止水带的安装位置、紧固密封情况、接头连接情况、止水带的完好情况进行检查。

五、南水北调中线一期工程总干渠沙河南—黄河南段河南省水利第一工程局1—1标段贾鲁河及贾峪河倒虹吸伸缩缝止水的施工技术要求

（一）一般要求

（1）在无特殊说明或指示的情况下，伸缩缝的位置、间距、结构设施及材料安装和埋设都必须按设计图纸的要求进行。伸缩缝及埋件的施工实施必须遵照《水工混凝土施工规范》（DL/T 5144—2001）和《水工建筑物止水带技术规范》（DL/T 5215—2005）的规定执行。

（2）止水材料及其安装埋设的施工措施须经监理批准，并不应有固定的金属埋件通过伸缩缝。

（二）伸缩缝的止水材料要求

（1）止水材料的尺寸及品种、过程，均应符合施工详图的规定。

（2）伸缩缝的止水材料的材质应符合以下要求：

①紫铜止水片、塑料止水带的物理力学性能，见表5-41、表5-42。

表5-41　紫铜止水片物理力学指标

材料名称	容重（kN/m³）	抗拉强度（MPa）	伸长率（%）	熔点（℃）
紫铜止水片	89	≥240	≥30	1 084.5

表5-42　塑料止水带物理力学指标

材料名称	容重（kN/m³）	抗拉强度（MPa）		伸长率（%）		老化系数	说明
		极限	设计	极限	设计	>70 ℃×360 h	
塑料止水带	12	18.6	12.0	369	280	0.95~0.9	

②紫铜止水片应做冷弯试验，180°时不裂缝；冷弯0~60°时，连续张闭50次无裂缝。

③塑料止水带外观为黑色或灰色，不得有气孔，塑化均匀，不得有烧焦及未塑化的生料，每一批塑料止水带应有分析、检测报告。有变形和撕裂的止水片不得采用。

（3）金属止水铜片的厚度及宽度应满足设计要求，其材料应符合国家标准的规定。止水铜片表面应光滑平整，并有光泽，其浮皮、锈污、油漆、油渣均应清除干净。如有砂眼、钉孔应予焊补，如有撕裂，应采用与翼缘等宽的母材进行单面搭接焊（有条件时最好进行双面搭接焊），搭接长度不小于100 mm，且四周接触面均须满焊。

（4）塑料止水带型式、尺寸应满足设计要求，其拉伸强度、伸长度、硬度及老化系数等均应符合有关规定。塑料止水带材料拉伸试验应按国家标准执行。

（5）橡胶止水带断面的型式、形状应同图纸所示的型式相似，尺寸允许偏差，宽度为2 mm，厚度为1 mm，每一批止水带应有分析、检测的报告。

（三）伸缩缝止水的安装技术要求

（1）止水片须按设计的施工详图施工，其位置跨缝对中进行安装，并用托架、卡具定位，确保在混凝土中不发生变形。施工时不允许有拉筋、钢筋或其他钢结构与止水片相碰接。

（2）止水铜片的衔接须按其不同厚度分别根据施工详图的规定，采取折叠、咬接或搭接，搭接长度不应小于20 cm，咬接或搭接应采用双面焊。焊工需有上岗证，焊接作业必须在递交试焊样品经检验合格后方可施焊。塑料止水带的搭接长度不应小于10 cm，同类材料的衔接接头均须采用与母材相同的焊接材料。铜片与塑料片接头应采用铆接，搭接长度不应小于10 cm。

（3）止水铜片的"十"字接头和T字型接头应由厂家按设计尺寸提供成型产品，确需在现场加工时，应严格控制焊接质量。

（4）已埋入先浇混凝土块体内的止水片，应采取措施防止其变形移位和撕裂破坏，且止水片必须高出先浇块表面以上不少于20 cm。仓内伸缩缝止水片应在混凝土浇筑前架设在预定位置上,并用钢管或角钢等将它固定,不得因混凝土卸料或振捣发生移位。在浇混凝土时,应清除止水片周围混凝土料中的大粒径骨料,并确保混凝土浇筑质量。

（5）止水铜片的凹槽部位须用沥青麻丝填实,安装时应严格保证凹槽部位与伸缩缝位置一致,骑缝布置,埋入混凝土的两翼部分与混凝土紧密结合。浇筑止水片附近混凝土时,应辅以人工振捣密实,严禁混凝土出现蜂窝、狗洞和止水片翻折。

（四）止水铜片的加工要求

（1）止水铜片的加工宜采用机械切割,不允许加工过程中使用铁器工具锤击铜片表面。

（2）止水铜片加工须用模具冷压成型,成型后应对其表面进行检查,如有裂纹（痕）应视为废品,并须对同批材料质量重新进行检验。

（3）不同厚度的止水铜片加工后,应挂牌或做其他标志,以示区别和便于安装止水铜片牛鼻子的凸出部件,不宜刷油漆。

（五）止水（浆）片的质量控制

（1）止水（浆）片的定位装置,必须经过验收后方可进行混凝土浇筑。

（2）止水铜片接头焊接质量须进行检查,认可后,必要时进行渗油检验合格后,应将其油污清洗干净。

（3）模板架立应牢固,止水（浆）片两侧模板须采用 Ω 型支撑或其他支撑结构,以避免因模板变形而导致错台和漏浆。

（4）止水铜片处宜采用整块特制专用模板,以保证止水（浆）片定位牢固和接缝处不漏浆。

（5）浇筑过程中避免大骨料在止水片部位聚集,并仔细振捣,保证止水片结合处混凝土密实。

（6）合理安排布料和振捣程序,注意避免在止水片处泌水集中。

（7）不应采用预埋跨缝插筋作为支撑止水片的做法。

（8）在混凝土浇筑过程中,严禁振捣棒触及止水片处,并对止水部位检查,如发现偏移,应及时纠正。

（9）混凝土收仓后,水平止水片的覆盖厚度不小于 30 cm。

（10）禁止在止水片处下料,特别是在水平止水片处更应严密监控,并防止下料碰撞。

（11）在施工过程中,严格禁止践踏水平止水片,并应随时将其上污杂物清除。

（12）对混凝土浇筑块暂不上升的竖向止水铜片,宜用木板夹护,防止意外损伤及折扭。

（六）止水施工验收

止水设施的施工质量至关重要,对安装在永久缝（横缝）中的紫铜片、塑料片,固定后应按隐蔽工程要求验收,验收合格后方准浇混凝土。

第六章　砌石工程和护坡新技术的施工要求

石料是砌石工程所用的主要材料,其质量的优劣将直接影响到砌石工程的施工质量,特别是砌石工程的安全性和耐久性。所以规范中强制性条文对有关石料质量控制作了两条规定:

(1)护坡石料须选用质地坚硬、不易风化的石料,其抗水性、抗压强度、几何尺寸等均应符合设计要求。

(2)砌筑所用石料必须新鲜,不得有剥落层或裂纹。

第一节　对石料的基本要求

一、进场石料验收

应对进场石料(成品料)进行检查验收,并作为一项内部管理制度严格执行,以杜绝不合格料进入施工现场。

二、对石料质量的基本要求

(1)进场石料石质应新鲜、坚硬、密实,无裂纹,不含易风化的矿物颗粒,遇水不易泥化和崩解,含水饱和极限抗压强度应符合设计要求,软化系数宜在0.75以上。

(2)粗料石一般为矩形,应棱角分明、六面基本平整,同一面高差应控制在石料长度的1%~3%,长度宜大于50 cm,宽、厚应不小于25 cm,长厚比不大于3。异形石应经专门加工,且必须具有符合设计要求的特定形状和尺寸。

(3)块石,应有两个基本平行的面,且大致平整,无尖角、薄边。块厚宜大于20 cm。

(4)毛面,无一定规则形状,单块重宜大于25 kg,砌筑用的毛石,其中部厚度不宜小于20 cm。同国家标准《砌体工程施工及验收规范》(GB 50203—98)规定的毛石的厚不宜小于20 cm,保持一致。

(5)自行爆破采石,必须严格执行安全生产法规和安全操作规程,每次爆破后应认真观察、分析、了解爆破后情况,及时处理瞎炮、清除危石、以策后续作业的施工安全。

三、砌石工程所用材料

胶结材料是砌石工程的重要材料之一,针对水利工程砌石的特点,胶结材料有水泥砂浆和小骨料混凝土两种,其质量的优劣直接影响砌石工程的质量。因此,对胶结材料的质量控制,应作为对砌石工程质量控制的重点,故对胶结材料的质量控制提出以下要求,砌石工程所用材料应符合下列规定:

(1)混凝土灌砌块石所用的石子粒径不宜大于20 mm。

（2）水泥标号不宜低于 32.5 号。

（3）使用混合材和外加剂时，应通过试验确定。混合材宜优先选用粉煤灰，其品质指标参照有关规定确定。

（4）配置砌筑用的水泥砂浆和小石子混凝土，应按设计强度等级提高 15%，配合比应通过试验确定，同时应具有适宜的和易性。

（5）砂浆和混凝土应随拌随用，常温拌和后，应在 3～4 h 内使用完毕。如气温超过 30 ℃，则应在 2 h 内使用完毕。使用中如发现泌水现象，应在砌筑前再次拌和。

（6）应重视和掌握以下几个问题：

①胶结材料的施工配置强度 f_{cu0} 必须符合下式规定：

$$f_{cu0} = f_{cuk} + 0.84\delta \tag{6-1}$$

式中　f_{cuk}——设计的胶结材料强度标准值，N/mm^2；

　　　δ——施工单位的胶结材料强度标准差，N/mm^2。

考虑到砌石工程胶结材料施工的不均匀性，对施工的配置强度作出规定，以便胶结材料的强度保证率能满足 80% 的最低标准要求。

式（6-1）中胶结材料的标准差 δ，应由强度等级、配合比相同和施工工艺基本相同的抗压强度资料统计求得。试块统计组数宜大于或等于 25 组。当施工单位不具有近期胶结材料强度资料时，应根据已建工程经验，对强度等级小于 C20 的混凝土，其强度标准差可取用 4 N/mm^2（4 MPa），对强度等级为 M7.5、M10、M15 的水泥砂浆，其强度等级标准差可依次分别取用 1.88 N/mm^2、2.5 N/mm^2 和 3.75 N/mm^2。

②胶结材料配合比的设计与试验是以胶结材料的施工配置强度为依据的，通过优化对比试验，选择合理的施工配合比，并以质量比表示。用质量比表示配合比，有利于现场对胶结材料组分计量允许偏差的控制，故施工现场胶结材料的配合比不得用体积比代替。因为用体积比配料，由于客观条件等影响因素较多，会导致配料组分材料的密度变化较大，造成胶结材料的配合比计量不准确，这是胶结材料强度等级达不到设计要求和强度，离散性较大的主要原因。胶结材料各组分的计量允许偏差见表 6-1。

表 6-1　胶结材料各组分的计量允许偏差

材料名称	允许偏差
水泥	±2%
砂、砾（碎石）	±3%
水、外加剂溶液	±1%

③在胶结材料中掺用外加剂和粉煤灰，对提高砌体质量十分有益，在水利工程中应用极为广泛。

胶结材料中掺用外加剂和粉煤灰，对提高砌体质量十分有益，在水利工程中应用极为广泛。胶结材料中掺用外加剂，可以减少水泥用量，降低水化热，调整凝结时间，改善施工和易性及抗渗、抗冻性能。外加剂产品应具有出厂合格证书、产品质量检验结果及使用说明；外加剂包装应标识名称、规格、型号、净重及有效期；运输、储存过程中应有防止污染、变质的有效措施。对进入施工现场的外加剂应进行质量试验。由于外加剂对胶结材料的影响十分敏感,掺量过多、过少都不会达到预期的效果,而且会影响胶结材料的强度,因此对外加剂的适宜掺量必须通过试验确定。胶结材料中掺用粉煤灰,具有减水增强,节约水泥,降低成本,改善胶结材料的和易性、保水性等效果。用于砌石工程中的粉煤灰,可以采用Ⅲ级品质的粉煤灰,也可选用等级较高的Ⅱ级及其以上的粉煤灰。等级较高的粉煤灰具有更好的减水增强和改善胶结材料和易性能的效果。粉煤灰的掺量与胶结材料选用的水泥品种强度等级有关,也与掺用粉煤灰的目的和要求有关,故应通过试验确定。粉煤灰胶结材料的凝结时间比不掺粉煤灰的要长一些,尤其在低温环境中,其强度增长较慢,因此应注意采取加强砌体表面保温等措施,以促进其正常化。

④胶结材料应用机械拌制、运输,存放时间不宜过长且随拌随用,这是对胶结材料施工的最基本要求。

对于水工建筑物的砌体,一般体积较大,胶结材料用量较多,用人工拌和不仅效率低,而且拌和质量不均匀,特别是由于目前施工的发展,胶结材料中掺用外加剂、粉煤灰、掺合料已与日俱增,用人工拌和已难达到拌和均匀的质量要求。施工时应结合拌和设备的型号、胶结材料配合比、性能的不同,以及高低温季节的气候差异,通过现场试验选择适宜的拌和时间。拌制好的砂浆存放时间不能过长,砂浆出机后必须在规定时间内用完。当外界气温较高时,使用时间还应偏短,以免影响砂浆的黏结力和可能产生的泌水现象,从而导致施工不便,砌体灰缝不易饱满和不同程度降低砌体的强度。因此,为确保砌体的施工质量,胶结材料自除料、运输、存放到用完的允许间歇时间,根据工地的实际情况由工地试验确定,并在施工中严格执行。使用中如发生泌水现象,必须于使用前再次拌和。

第二节　干砌石的技术要求

干砌石是指不用胶结材料而将石块砌筑起来。干砌石包括干砌块(片)石和干砌卵石。由于干砌石主要依靠石块之间相互的摩擦力及单个块石本身质量来维持稳定,故不宜用于砌筑墩、台或其他主要受力的结构部位,一般仅用于护坡、护底以及河道或渠道防冲部分的护岸工程。

一、干砌石的工艺流程

干砌石的一般工艺流程为:备料—削坡(或平整基面)—放样—铺设垫层—选石—试放—修凿—安砌。

(1)备料:将石料及反滤料按适当砌筑段长所需的数量分别堆放,以缩短运距,节省人力。

(2)削坡(或平整基面):以利按设计要求进行铺设砂或碎石及砌石工作。

(3)放样:沿建筑物轴线方向每隔5 m钉立坡脚、坡中和坡顶木桩各一排,并在其上划出铺砂、铺砾石(碎石)和砌石线,顺排桩方向,拴竖向细铅丝一根,再在两竖向铅丝之间用活结拴横向铅丝一根,便于此横向铅丝能随砌筑高度向上平行移动,铺砂、砌石即以此线为准。

（4）铺设垫层：按设计要求在干砌石的下面铺设砂、砾反滤料作为垫层，以便砌石表面平整，减小对水流的摩阻力；同时防止地下水滤出时把基础的土粒带走，避免护坡砌石下陷变形。

二、干砌石的砌筑要点

（1）干砌石工程在施工前，应进行基础清理工作。

（2）凡受水流冲刷和浪击作用的干砌石工程，应采用石块的长边与水平面或斜面呈垂直方向的竖立砌法砌筑。

（3）重力式墙身，严禁采用先砌好面石、中间用乱石充填并留下空隙和蜂窝等错误施工方法。

（4）干砌石的墙体露出面必须设丁石（拉结石），丁石要分布均匀，同一层的丁石长度，墙厚等于或小于 40 cm 时，则丁石长度应等于墙厚；墙厚大于 40 cm 时，则要求同一层内外的丁石相互交错搭接，搭接长度不小于 15 cm，其中一块的长度不小于墙厚的 2/3。

（5）如用料石砌墙，则两层顺砌后应有一层丁砌，同一层采用丁顺组合砌石，丁石间距不宜大于 2 m。

（6）用干砌石作基础，一般下大上小呈阶梯状，底层应选择比较方正的大块石，上层阶梯至少压住下层阶梯块石宽度的 1/3。

（7）大体积的干砌石挡墙或其他建筑物，在砌体每层转角和分段部位，应先采用大而平整的块石砌筑。

（8）回填在干砌石基础前后和挡墙后部的土石料应分层回填并夯实，用干砌块石砌筑的单层斜面护坡或护岸，在砌筑块石前要先按设计要求平整坡面，如块石砌筑在土质坡面上，要先夯实土层，并按设计规定铺碎石或细砾石。

（9）砌体缝口要砌紧，空隙应用小石填塞紧密，防止砌体在受到水流的冲刷或外力撞击时滑脱沉陷，以保持砌体的坚固性。一般规定干砌石砌体空隙率应不超过 30% ~ 35%，干密度不小于 1.8 t/m^3。

（10）干砌石护坡的每块石面一般不应低于设计位置 5 cm，不高出设计位置 15 cm，砌筑时应自坡脚开始自下而上进行。

（11）干砌石在砌筑时应防止出现图 6-1 中的各种缺陷。

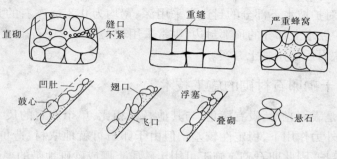

图 6-1　干砌石缺陷

三、干砌石的砌筑方法

干砌石常用的砌筑方法有两种:平缝砌筑法和花缝砌筑法。

(1)平缝砌筑法:这种砌筑方法适用于干砌石的施工,石块宽面方向与坡面方向垂直,水平分层砌筑。同一层仅有横缝,但竖向纵缝必须错开,如图6-2所示。

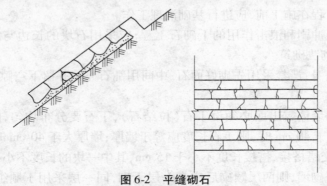

图6-2 平缝砌石

(2)花缝砌筑法:这种砌筑方法多用于干砌毛石的施工,砌石水平向不分层。大面朝上,小面朝下,相互填充挤实砌成,如图6-3所示。

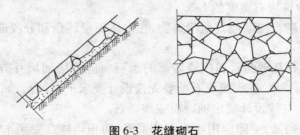

图6-3 花缝砌石

四、干砌石的封边

干砌石的封边是指干砌石砌筑到坡面或坡顶结束时对砌石的处理。由于干砌块石是依靠石块之间的摩擦力来维持其整体稳定的,若局部发生变形,将会导致整体破坏。边口部位是最薄弱之处,所以必须认真做好封边工作,以保证砌石整体性。

一般工程中对护坡水下部分的封边常采用深、宽均为0.8 m左右的大块石单层或双层干砌封边,对护坡水上部分的顶部封边,则常采用较大而方正块石砌成0.4 m左右宽的平台,见图6-4,块石后面用黏土夯实。

五、渠道的干砌卵石衬砌的施工技术

卵石的特点是表面光滑,没有棱角,与其他石料相比,单个卵石的尺寸和质量都比较小,形状不一,在外力作用下,稳定性较差。但由于卵石可就地取材、造价低廉、砌筑技术比较简单,容易养护,因此卵石砌筑施工可用于砂质土壤或砂砾地带的渠道抗冲和一般小型水利工程的防冲工程。

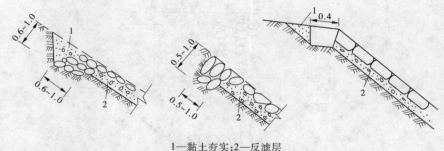

1—黏土夯实;2—反滤层

图6-4 干砌块石封边 （单位:m）

(一)清基与垫层

渠道修成后,应进行必要的清基,将基土内的杂质和局部软基清除干净。为了避免砌筑中有个别大的卵石抵住基土使砌体表面不平整,开挖时需比衬砌厚度略大 3~5 cm。一般要求开挖面的凹凸不超过 ±5 cm。同时,为了防止水流对基土的冲刷,需在卵石下铺设垫层,流速越大的渠道,垫层质量要求越严格。基土若为一般土壤,则只铺设一层砾石即可,铺设方法及要求与干砌块石垫层相同。

(二)砌筑的施工技术

1. 选料与砌筑要求

选料应根据当地产石情况进行,一般外形稍带扁平而且大小均匀的卵石为最好,其次是椭圆形或块状的卵石,严禁使用圆球形的卵石,三角形或其他扁长不合规格的卵石仅用于水上部分。

卵石砌筑的关键是要求砌缝紧密、不易松动,因此在砌筑时要求:

(1)应砌成整齐的梅花形,六角靠紧只准有三角缝,不得有四角缝和鸡抱蛋(即中间一块大石四周一圈小石),如图6-5所示。

(2)采用立砌法,即卵石长径与渠底或边坡应垂直,石块不得歪斜或砌成台阶。

正确　　　　错误

三角缝

鸡抱蛋

四角眼

图6-5 干砌卵石砌筑方法

(3)每行卵石力求长短厚薄相近,相邻各行也应力求大体均匀,行列整齐,以便行与行之间均匀地错缝并对准叉口,使其结合紧密。

(4)卵石一律应坐落在垫层上,相邻卵石接触点最好大致在一个平面上,并且尽可能小头朝外,大头朝里。

2. 砌底

砌筑渠底时,将卵石较宽面垂直水流方向立砌,见图6-6,其优点是可以避免产生大于卵石长度的顺水缝,使小个的卵石也可以很坚固地夹在大卵石的中间,有利于整个砌石断面的稳定和安全。

铺砌卵石时应由下游向上游逐排紧接地铺砌,同排每块卵石应略向下游倾斜,禁止砌成逆水缝。严禁砌筑时将卵石平铺散放,以避免可能产生局部旋涡水流的破坏力。

此外,要求底面铺设平整,且最好每隔 10~15 m 浆砌一道卵石截墙。截墙宽40~50

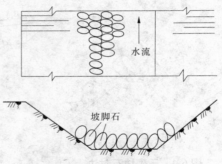

图 6-6　铺底的正确砌法

cm,深 60 ~ 80 cm,以增加铺底的整体稳定性。同时对质量不好的渠道,可以防止局部破损的扩大,以便对砌体及时进行抢修。

在渠道砌筑中一般先砌渠底,后砌渠坡,以确保渠底衬砌质量,便于底坡的衔接,方便后料运输及减少施工干扰。

3.砌坡

干砌卵石衬砌渠道的边坡是最容易受到损坏的部位。因此,砌坡是渠道衬砌的关键工作,必须严格遵守坡面整齐、石头紧密、互相错缝的原则。砌筑时,坡面要挂坡线,按坡线自下而上分层砌筑。卵石的长径轴线方向要垂直坡面,一律立砌,严禁平铺,见图 6-7,从坡脚石(基脚第一层石头)开始,先砌大石,逐渐往上砌小石。

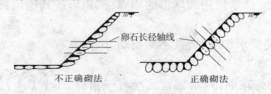

图 6-7　干砌卵石护坡砌筑

4.养护

为增强密实性,铺砌卵石时应进行灌缝和卡缝。灌缝即用小石子将较大的砌缝塞紧,缝灌一半深度即可,但要求卵石不能架在中间;卡缝即是在灌缝后将小石片用木榔头或石块轻砸入缝隙中。

最后渠道须经过适当的养护,即先将砌体普遍扬铺一层砂砾,然后放少量的水进行放淤,一边放水,一边投放砂砾和碎土,直至石缝被泥沙填实为止。

第三节　浆砌石的施工技术

浆砌石体用石料与砂浆砌筑而成。根据石料划分:有毛石砌体和料石砌体。毛面有乱毛面和平毛面,乱毛面指形状不规则的石块;平毛面指形状不规则,但有两个平面大致平行的石块。常用于墙基、堤坝、挡土墙及输水渠道等工程。料石是将毛面经加工去棱,打成六个面,顶面及底面平整且平行,常用于砌基础、墙角、涵洞等部位。

一、浆砌石的施工工艺

浆砌石的施工过程有:砌筑面的准备—选料—铺(坐)砂浆—安放石料—质检—勾缝—养护等工序。

(一)铺筑面的准备

对干土质基础,砌筑时应先将基础夯实,并在基础面上铺一层 3~5 cm 厚的稠砂浆。对于岩石基面,应先将表面已松散的岩石剔除,具有光滑表面的岩石须人工凿毛,应清除所有岩屑、碎片、砂、泥等杂物,并洒水湿润。

对于水平施工缝,一般在新一层砌筑前凿去已凝固的浮浆,并进行清扫、冲洗,使新旧砌体紧密结合;对于竖向施工缝,在恢复砌筑时,必须进行凿毛冲洗处理。

(二)选料

选择的石料与材质及砌筑位置有关,浆砌石所选择的石料应是质地均匀、没有裂缝、无明显风化迹象、不含杂质的坚硬石料。在天气寒冷地区使用的石料,还要具有一定的抗冻性。

按石料砌筑位置,石料可分为角石、面石及腹石,如图 6-8 所示。砌筑程序为先砌筑角石,再砌面石,最后砌腹石。角石用于确定砌体位置和形状,应选择比较方正的大石块。面石可选用长短不等的石块,以便与腹石交错衔接;面石的外露面应较平整,厚度与角石相同。腹石可用较小的石块分层填砌,故填第一层腹石时须大面向下放稳,使石块间的缝隙最小。

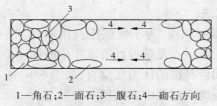

1—角石;2—面石;3—腹石;4—砌石方向

图 6-8　浆砌石程序

(三)铺(坐)浆

砌石用的砂浆,其品种和强度等级应符合设计要求,但由于岩石块吸水性小,所以砂浆稠度应比砌砖的砂浆小,一般为 3~5 cm。雨季或冬季稠度应小一些,在干燥气候情况下,稠度可大些。

对干砌石工程,水泥砂浆的铺浆厚度宜为设计灰缝厚度的 1.5 倍,从而使石料安砌面有一定的下沉余地,有利于灰缝坐浆。小石子砂浆或细石混凝土铺浆厚度为设计灰缝厚度的 1.3 倍,铺浆后须经人工稍加平稳和平整,并剔除超径、突出的骨料,然后摆放石料。坐浆一般只宜比砌石超前 0.5~1.0 m,左右坐浆与砌筑相配合。

(四)安放石料

把洗净的湿润石料安放在坐浆面上之前,应先行试放,必要时稍加修凿,然后铺灰安砌。安砌时用铁锤敲击石面,使坐浆开始溢出为度,石料之间的砌缝密度应严格控制。采用水泥砂浆砌筑时,毛石的灰缝厚度一般为 2~4 cm,料石的灰缝厚度为 0.5~2 cm。采用细石混凝土砌筑时,一般为所用骨料最大粒径的 2~2.5 倍。

二、浆砌石砌筑方法

浆砌石常用坐浆法砌筑,即先铺一层砂浆再放块石,块石间的空缝用砂浆灌满,随即用中小石块仔细填到已灌满空隙的砂浆中,使砂浆挤出,达到密实。因此,坐浆法又叫挤浆法。

在实际施工中,禁止采用灌浆法施工。灌浆法是先将石块铺满,然后用稀砂浆灌缝,因砂浆不能灌满所有石缝,且凝结后产生干缩、裂缩使两者不能很好地结合,不能形成整体。

三、浆砌石的石拱砌筑

(一)石料的选择

拱圈石料一般为经过加工的石料,石块厚度不应小于 15 cm,其宽度应为厚度的 1.5 倍,长度应大于厚度的 3 倍。石料应凿成上宽下窄的楔形。否则应用砌缝宽度的变化来调整拱度,但砌缝厚薄相差最大不应超过 1 cm,每一石块的砌面应与拱压力线垂直,拱圈砌体的方向应对准拱的中心。

(二)拱圈的砌缝

砌缝应力求均匀,相邻两行拱石的平缝应相互错开,其错距不得小于 10 cm。砌缝的厚度取决于所选用的石料,选用细料石时,砌缝厚度不应大于 1 cm,而选用粗料石时,砌缝不应大于 2 cm。

(三)砌石的程序和方法

砌拱圈之前,必须先做好拱座,为了使拱座与拱圈有很好的结合,须用起拱石。起拱石是按设计要求作成的样石,起拱石与拱圈相接的面应与拱的压力线垂直,如图 6-9 所示。砌筑拱圈时,为防止砌筑过程中拱架扭曲变形过大而导致拱圈开裂,一般按跨度大小采用不同的砌筑方法。

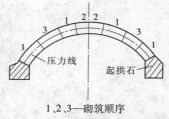

1、2、3—砌筑顺序

图 6-9　拱圈的砌筑顺序

1.连续砌筑法

当跨度在 10 m 以下时,拱圈的砌筑应沿拱的全长和全厚,同时由两边的起拱石开砌,对称地向拱顶砌筑,一气呵成。

2.分段砌筑法

当跨度大于 10 m 时,则应采取分段砌筑法,即把拱圈分成数段,每段长度可根据拱长来确定。一般每段长 3~6 m,各段依一定砌筑顺序进行,以达到使拱架承重均匀、从而变形最小的目的。

拱圈各段的砌筑顺序是,先砌拱脚,再砌拱顶,然后砌 1/4 处,最后砌其余各段。砌筑时,一定要对称于拱跨的中央。各段质检应预留一定空隙,宽度约为 30 mm,并用预制砂浆块或铸铁块等隔垫,以保持应有的空隙,避免拱架变形过程中拱圈灰缝开裂,等全部拱圈砌筑完毕后,拱圈灰缝强度达到 70%,即可用微湿水泥砂浆分层振捣密实。

(四)拱圈支架的拆除时间

拱架是砌筑拱圈时用来支承拱圈砌体,并保证所砌拱圈能符合设计形状的临时支承结构。当拱圈中的水泥砂浆砌筑强度能够承载静荷载的应力时,方可拆除拱圈支架。采用普通硅酸盐水泥砂浆砌筑的石拱,在气温为 15 ℃以上、跨度在 10 m 以下时,应自拱顶合拢时起经 15 d 后才能拆卸;对于跨度大于 10 m 的,则一般需在 20 d 后拆除。当气温低于 15 ℃时,每降低 1 ℃,则拆除支架的时间应相应的推迟一天。采用火山灰质硅酸盐水泥或矿渣硅酸盐水泥的砂浆砌拱,其拆除拱架的时间应较硅酸盐水泥砂浆延长 40%。当在特殊情况下需要提早拆除拱架时,则在砌筑拱圈时应适当提高水泥砂浆强度等级。一般拱架应在填完土后拆除。在高填方时,填土高度在超过 3 m 后方可拆除拱架。

四、浆砌石的勾缝要求

浆砌石的外露面应进行勾缝,其目的是加强砌体的整体性,同时还可减少砌体的渗水及增加灰缝对水流的抵抗能力。勾缝是在砌体砂浆未凝固之前,先沿砌缝剔成 2~3 cm 的缝隙,待砌体完成和砂浆凝固以后再进行勾缝。勾缝前应将缝槽冲洗干净,自上而下进行。勾缝用的砂浆要稠,避免凝固时收缩而与砌体脱离,并且采用的砂浆标号应高于原砌体的砂浆标号。勾缝的形式有平缝、平凸缝、半圆凸缝、平凹缝、半圆凹缝等多种,水利工程常用平凸缝。勾凸缝时,先浇水润缝槽,用砂浆打底与石面相平,然后扫出麻石,待砂浆初凝后,抹第二层,其厚度约为 1 cm,再用灰锯拉出凸缝形状。勾缝的砂浆宜用水泥砂浆,采用细砂、砂浆过稠,勾出缝来表面粗糙不光滑;过稀,容易塌落走样,且与砌体脱离,最好不使用火山灰质水泥,因其干缩性大,勾出缝来容易开裂。砌体的隐蔽回填部分,通常不勾缝。如果为了防止渗水,应在砌筑过程中,用原浆将砌缝压实抹平。

五、养护

浆砌石体在砌石 5~7 d 内加强养护,夏季加盖草帘或麻袋,洒水保持湿润;冬季应按施工要求进行。当砌体强度尚未达到设计要求值时,砌体不能受力和受震。

六、砌筑质量的检查

(一)一般要求

浆砌石料的要求可概况为"平""稳""满""错"四方面:

(1)"平":同一层面大致砌平,相邻块石的高差宜小于 2~3 cm;

(2)"稳":单块石料的安砌务求自身稳定,不易动摇;

(3)"满":灰缝饱满密实,严禁石块间直接接触;

(4)"错":相邻石块应错缝砌筑,尤其不允许顺流向通缝。

(二)基本要求

浆砌石工程是砌石工程中较为重要的一部分,故强制性条文对浆砌石的质量提出了以下规定。

(1)浆砌石墩、墙,应符合下列要求:

①砌筑应分层,各砌层均应坐浆,随铺浆随砌筑。

②每层应依次砌角石、面石,然后砌腹石。

③砌石时应选择较平整的大块石经修凿后做面石,上下两层石块应骑缝,内外石块应

交错搭接。

④料石砌筑，按一顺一丁或两顺一丁排列，砌缝应横平竖直，上下层竖缝错开距离不小于 10 cm，丁石的上下方不得有竖缝，粗料石砌体的缝宽可为 2～3 cm。

⑤砌体宜均衡上升，相邻段的砌筑高差和每日砌筑高度，不宜超过 1.2 m。

(2)采用混凝土底板的浆砌石工程在底板混凝土浇筑至面层时，宜在距砌石边线 40 cm 的内部埋设露面块石，以增加混凝土底板与砌体间的结合强度。

(3)混凝土底板应凿毛处理后方可砌筑，砌体间的结合面应刷洗干净。在混凝土湿润状态下砌筑，砌体层间缝如间隔时间较长，可凿毛处理。

(4)砌筑因故停顿，砂浆已超过初凝时间，应待砂浆强度达到 2.5 MPa 后才可继续施工。在继续施工前，应将原砌体表面的浮渣清除，砌筑时应避免震动下层砌体。

(5)浆砌石墙(堤)宜采用块石砌筑，如石料不规则，必要时可采用粗料石或混凝土预制块作砌体镶面。仅有卵石的地区，也可采用卵石砌筑，砌体强度均必须达到设计要求。

(6)浆砌石砌筑前，应将砌体外的石料上的泥垢冲洗干净，砌筑时保持砌石表面湿润。

(7)应采用坐浆法分层砌筑，铺浆厚度宜为 3～5 cm。随铺浆随砌石，砌缝需用砂浆填充饱满，不得将浆直接贴靠。砌缝内砂浆应采用扁铁捣插密实，严禁先堆砌石角，再用砂浆灌缝。

(8)上下层砌石应错缝砌筑，砌体外露面应平整美观，外露面上的砌缝应预留约 4 cm 深的空隙，以备勾缝处理。水平缝宽应不大于 2.5 cm，竖缝宽应不大于 4 cm。

(9)砂浆配合比、工作性能等应按设计要求，通过试验确定，施工中应在砌筑现场随机制取试样。

(10)勾缝前必须清缝，用水冲净并保持缝槽内湿润。砂浆应分次向缝内填塞密实;勾缝砂浆标号应高于砌体砂浆，应按实有砌缝勾平缝，严禁勾假缝、凸缝，砌筑完后应保持砌体表面湿润，做好养护。

第四节　特殊地段的护坡新技术

特殊地段的护坡新技术有以下几种:土工格栅加回填料处理、土工袋处理、复合土工膜处理、混凝土框格加植草处理、砌石拱处理、干渠渠坡口养护处理等。

一、土工格栅加回填料处理

(一)材料及技术指标
格栅处理层施工的主要材料为开挖土料、土工格栅、中粗砂、编织袋、草种等。

(二)格栅材料的技术要求
(1)格栅材料:土工格栅应采用耐久性能、耐高温性能、施工性能良好的单向土工格栅，具体参数如下:

格栅材料:高密度聚乙烯(HDPE)，幅度大于 1.0 m，抗拉强度≥80 kN/m，延伸率≤12%，2% 应变对应强度≥23 kN/m，5% 应变对应强度≥44 kN/m，碳黑含量≥2.0%，蠕变强度(20 ℃)≥20 kN/m。

（2）开挖回填料，其最大粒径≤100 mm，大于 5 mm 粒径的含量不超过 50%，控制含水量为最优含水量加 1% ~2%。

（3）中粗砂找平填料，采用级配良好的中粗砂。

（4）编织袋或草种，采用普遍编织袋装根植土，并预先拌和当地易于生长的耐旱性草种。编织袋宜疏松，并有一定孔隙以便草籽生长。

（三）施工方法

施工程序：清基—碾压—放样—格栅铺设—铺土—碾压施工—反包固定搭接。

1. 清基

用人工清除坡面及浮土，要求平整度不超过 5 cm，保持坡面清洁、干燥。

2. 放样

严格按照设计的施工详图测量放线，做好边桩填土高度 0.56 m（虚土）格栅边线、边坡比控制等。

3. 格栅铺设

土工格栅采用人工分层铺设，在坡面上层包裹形成反包搭接，反包长度（平直段）不小于 100 cm，相邻两块格栅为平接，格栅之间用连接棒搭接，格栅与土体之间用 U 型钢筋错接，其具体步骤如下：

（1）首先根据图纸计算出格栅需用的长度并一次截断，在土工格栅加回填料碾压层底层铺设格栅材料，将格栅底部用 U 型钢筋固定于基层面。

（2）在渠坡上沿土工格栅加回填料碾压层外坡放线位置堆放装满耕植土和草种的土袋，用以在施工过程中档位填土，格栅表面用黏性土找平形成平整的坡面，然后铺上草皮。为保证植草质量，要求土袋内填土充实，机器锁口，码放紧密。

（3）使用张拉梁将格栅一自由端拽紧，并压上规定厚填土，填土用机械或人工堆放在拉紧的格栅上面，车辆与施工机械等不得直接碾压格栅，以免格栅损坏和松懈。

（4）回填料压实，用灌水法取样合格后，在压实面放样，削成设计坡，将预留格栅反包到土袋上面，平直段长度不小于 100 cm，并与上层格栅用连接棒连接，如图 6-10 所示，或用 U 型钢筋固定。

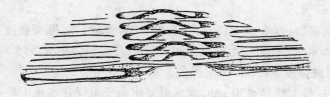

图 6-10 格栅铺设图

（5）用通过格栅网孔而钩住格栅的张拉梁对主加筋格栅施加拉力，绷紧格栅之间的连接，并使其下结构面上的反包格栅绷紧。

（6）在保持张拉格栅的同时，用 U 型钢筋将本层格栅与下层土体错接，以保证张拉设备移去后格栅不会回缩。

（7）重复以上施工步骤至顶层。

（8）顶层格栅应有足够长度埋在填土下面，保证填土可提供足够的约束力锚固格栅。

4.铺土

（1）铺土由挖掘机装车、汽车运输。

（2）土工格栅加回填料铺土采用进占法，这样汽车在松土上后退卸土可以避免施工机械碾压土工格栅，以确保质量。

5.碾压施工

格栅铺土采用推土机进占进料和粗平，再用人工精平，表面平整度不超过5 cm。

铺土宽度考虑削坡宽，以保证边坡的压实度。采用进退错距碾压法对回填料进行碾压，要求行车速度2.0～3.0 km/h。相邻碾迹的搭接宽度不小于碾压宽度的1/10。

车辆和压实机械不得直接碾压格栅，雨季施工和隔夜施工要采用雨布对场地进行覆盖。

土工格栅处理层碾压施工参数应按表6-2控制。

表6-2　土工格栅处理层碾压施工参数

开挖料	压实方法	铺料方式	含水量(%)	碾压机具	碾压遍数	行车速度	行车方式
渠道开挖土料	振动、平碾	进占法	高于最优含水量1%～2%	18 t振动平碾	12	2～3 km/h	进退错距法，相邻碾迹的搭接宽不小于碾压宽度的1/10

6.施工质量控制

施工重点是控制原材料、碾压工艺和压实效果三个环节。

二、土工袋处理

（一）施工材料的技术要求

土工编织袋宜采用两种规格，大土工编织袋为120 cm × 147 cm，小土工编织袋为45 cm × 57 cm，其原材料主要成分是聚丙烯（PP）掺有1%的防老化剂（UV）。其各项参数指标如下：

（1）小土工编织袋：克重≥100 g/m³，经纬纱UV含量1%，断裂强度力保持率≥90%，断裂伸长保持率≥80%，经向拉力标准≥20 kN/m，纬向拉力标准≥15 kN/m，经纬向伸长率标准≤28%，顶破强度≥1.5 kN/m，黑色。

（2）开挖土料：最大粒径≤50 mm，含水量要求高于最优含水量1%～2%。

（3）水泥：标号P. O42.5

（4）带草种的土工编织袋：采用普通编织袋装填耕植土，并预先拌和当地易于生长的耐寒性草种，编织袋宜疏松，并有一定孔隙以便草籽生长。

（二）施工方案

1.施工程序

清基—放样—土工袋装袋—渠坡土袋铺设—小土工袋碾压—取样合格—监理认可进

行下一层铺填。其具体要求如下：

（1）清基：清除开挖断面表层浮土，清除软土，保持基面干燥。

（2）放样：严格按照施工详图放样，固定边桩，控制坡面土工袋铺设边线，控制土工袋成坡后的坡比、排水软管、排水沟位置等。

（3）土工袋装袋：土工袋装袋在料场进行，首先对原材料进行筛选，大土工袋泥土最大粒径控制在 10 cm 以内，小土袋及水泥土最大粒径控制在 5 cm 以内，并对料区含水量测试，含水量控制高于最优含水量 1% ~2%。土料拌制好后及时装袋、缝口，大土工袋（147 cm×140 cm）用特制装料器盛料，挖掘机挖装料。小土工袋（45 cm×47 cm）用人工装料，土工袋装好后在料区缝口，并及时运往现场铺填，如果一时不能运走，要求堆码好并及时洒水，用土工膜覆盖，防止水分损失。

（4）铺设：土工袋采用逐层铺设、逐层初平的方式施工，土工袋初平采用小型振动平板夯。土工袋铺设后，遇天气发生变化或隔夜施工时，要采用防雨布对场地进行覆盖。

现将小土工袋的铺设碾压工艺叙述如下：

①小土工袋铺设采用人工铺设，袋子之间保留 4 ~8 cm 的间隙，使土工袋有足够的延伸空间。边坡铺设带草籽的土工袋。

②小土工袋的间隙回填，相邻土工袋之间的间隙用与装袋料相同的土料回填，回填料的粒径≤5 cm。

③小土工袋初平，一个袋层铺设完毕后，用小型振动平板夯来回夯压 2 ~3 遍，或用轻型碾压机械（≤16 t）静碾 1 ~2 遍，以确保土工袋能形成扁平形。

④在初平后的土工袋层面上进行①~③工序，直至铺厚 40 cm 左右（约 4 个小土工袋厚度），再用碾压机械进行相应遍数的振动碾压，碾压方法为进退错距法，行车速度 2.0 ~3.0 km/h。相邻碾迹的搭接宽度不小于碾压宽度的 1/10。为了增加土工袋组合体的稳定性，上、下层土工袋间需错缝铺设，局部可以适当放宽袋子的间距，而使上下层面的土工袋相互错距。土工袋（大、小两种尺寸）处理层碾压控制参数见表 6-3。

表 6-3　土工袋（大、小两种尺寸）处理层碾压控制参数

开挖料	压实方法	铺料厚度	含水量	碾压机具	碾压遍数	行车速度	行车方式
渠坡土	振动平碾	≤40 cm	13% ~14%	20 t 振动平碾	8 遍	2 ~3 km/h	进退错距法，搭接宽度不小于碾压宽度的 1/10

2. 施工质量控制

土工袋处理施工应重点控制原材料、碾压工艺和压实效果三个环节。土工袋处理层坡面用黏土找平形成后的外切平整度不超过 ±2 cm，原材料大、小土工袋生产厂家提供具有法律效力并符合有关规范要求的检测报告情况下，施工单位自检时可以只检测技术要求的常规项目。土工袋处理层的质量控制标准如下：

（1）严格控制层厚，每层碾压后按规程要求在每层中下部取样检测。

（2）控制好坡面平整度，坡面打桩拉线控制，平整度 ±2 cm，处理层的压实质量控制标准如表 6-4 所示。

表 6-4　处理层的压实质量控制标准

材料	最大粒径(mm)	填筑含水量(%)	压实度	最大干密度(g/cm²)	压实层厚度	碾压层土工袋个数
渠坡开挖土	≤100(大土工袋)	高于最优含水量1%~2%	≥85	1.98	—	2
	≤50(小土工袋)	高于最优含水量1%~2%	≥85	1.98	—	4
	≤50(水泥土)	高于最优含水量1%~2%	≥98	2.04	40 cm	—

土工袋处理护坡的施工细部大样,如图 6-11 所示。

带草籽的土工袋

图 6-11　土工袋细部大样图

三、复合土工膜处理

(一)材料及技术指标

复合土工膜处理层的主要材料有复合土工膜、土工网、土工网垫、砂、水泥、耕植土和草种等。其各项技术指标如下。

复合土工膜中的膜为厚 0.3 mm 的聚乙烯膜,布为宽幅(幅宽大于 5 m)聚酯长丝针刺土工布。主要技术性能指标应符合下列要求:

(1)聚乙烯膜:符合《食品包装用聚乙烯成型品卫生标准》(GB 9687—88)土工膜的要求,无毒性,对水质无污染。聚乙烯膜应采用全新原料,不得添加再生料,膜应无色透明。

(2)复合土工膜(复合体):表面材料应采用经加糙处理过的材料,不应采用通常的光滑表面材料。复合材料土工膜分为复合土工膜 1、复合土工膜 2 两种,具体技术参数如下:

①克重:复合土工膜 1 为 600 g/m²,复合土工膜 2 为 850 g/m²。

②厚度:复合土工膜 1≥2.7 mm,复合土工膜 2≥4.7 mm。

(3)土工网:是指以高密度聚乙烯(HDPE)或其他高分子聚合物为主要原材料,加入一定的抗紫外线助剂等辅料,经挤出成型的平面网状结构制品,应符合国家标准《土工合成材料塑料土工网》(GB/T 19470—2004),其性能指标应满足以下要求:幅宽≥2 m,单位面积质量≥730 g/m²,纵横向拉伸屈服强度≥6.2 kV/m,碳黑含量≥1%,网眼尺寸大于 2.5 cm×2.5 cm,且小于 8 cm×6 cm。

（4）土工网垫：是指以热塑性树脂为原料，经挤出成网、拉伸、复合成型等工序而制成的多层塑料三维土工网垫。应符合国家标准《土工合成材料塑料三维土工网》（GB/T 18744—2002）的要求，其性能指标应满足以下要求：幅宽≥2 m，单位面积质量≥260 g/m²，厚度≥12 mm，纵横向拉伸屈服强度≥1.4 kN/m，碳黑含量≥1%。

（5）中粗砂找平层填料：采用具有良好级配的中粗砂。

（6）砂浆保护层：砂浆材料要求满足《水利水电工程锚喷支护施工规范》（DL/T 5181—2003）喷护施工要求，砂浆强度等级为M7.5，另加适量防水剂。

（7）开挖土料：最大粒径应不大于5 cm，控制含水量为高于最佳含水量1%~2%。

（8）耕植土及草种：选用有利于织物生长的耕植土，草皮绿化选择当地易于生长的、耐寒性的草种。

（二）施工过程

具体施工程序为：清基—放样—复合土工膜施工—喷护砂浆保护层—回填开挖料保护层—土工网铺设及拼接—土工网铺设与连接。

1. 清基整平

按照施工要求开挖边坡，清除一切可能刺破复合土工膜的尖角岩石，凸块凸凹处必须平整、填平，要求平整度不超过±5 cm，遇表层积水应提前进行抽排，保持基面清洁干燥。

2. 放样

严格按照施工图放样，做好边桩、填土高度、边坡坡比控制等。

3. 复合土工膜施工

（1）复合土工膜铺设须在坡面清基整平完工并验收合格后进行。

（2）先开挖排水沟并装设排水暗管。

（3）复合土工膜采用人工铺设，将成卷的复合土工膜沿坡顶向渠底方向铺设。计算好长度一次铺好，中间尽量减少接缝。

（4）复合土工膜采用热熔法双缝焊接，焊接宽约10 cm，焊边方向与渠道走向垂直，在坡顶处将复合土工膜埋入固定沟内。对于有水沟的地方，复合土工膜铺设时须将土工膜埋入已经开挖的排水沟槽内，槽内预置适量防水砂浆体以形成膜下浅部隔水线。

（5）铺设复合土工膜时需留约1.5%的余幅，以便拼接和适应气温变化。铺设时随铺随压，以防风吹。

（6）施工中严禁推土机、压路机等机械在已铺设的复合土工膜的坡面上行走。施工中发现有损伤应及时修补，施工过程中严禁烟火，施工人员需穿无钉鞋或胶底鞋。

4. 喷护砂浆保护层

在用复合土工膜覆盖坡面后，喷护水泥砂浆保护层厚度为8~10 mm，喷护砂浆采用42.5级普通硅酸盐水泥，优质机制砂、石料，其具体的技术要求如下：

（1）砂石料的质量必须满足《水工混凝土施工规范》（DL/T 5144—2001）中有关条款的规定，最大粒径为15 mm。

（2）施工中可使用速凝、早强、减水等外加剂，使用速凝剂时，水泥砂浆试验的初凝时间不得大于5 min，终凝时间不得超过10 min。

（3）喷护水泥砂浆强度等级为M7.5，由实验室提供配比，水砂比为1∶4.2，水灰比为

0.7。

（4）采用"干喷法"混合料拌制，应注意以下几点：

①采用含水量小于4%的干砂拌制时，速凝剂可在拌制时掺入，拌好的混合料在20 min 之内使用完毕。

②不掺速凝剂的混合料，停放时间不宜超过2 h。

（5）喷射作业前要进行电气设备的检查和机械设备的试运行，并在受喷面和各种机械设备的操作场所配备充足的照明设备。

（6）清除复合土工膜上的各种杂物，保持清洁，并设置控制厚度的标志点。

（7）喷射作业要求：

①要严格执行喷射机操作规程，连续向喷射机供材，保持喷射机工作风压稳定，完成或因故中断喷射作业时，将喷射机和输料管内积料清除干净。

②干喷法施工时喷射手应遵守经常保持喷头具有良好的工作性能，及时调整供水量，控制好水灰比，认真操作，减小回弹率，保证喷层厚度，提高喷层表面平整度。

③较大范围的作业层应分段进行喷射，区段间的结合部和结构的接缝处应作妥善处理，不得存在漏填部位。两次喷射完成8~10 cm 厚作业，一次喷射的厚度以喷层不产生坠落和滑移为适度，最后一次喷射应在喷层终凝之后进行。

（8）按下列规定做好喷层的养护工作：

①喷层终凝2 h 后开始喷水养护，在14 d 之内使喷层表面经常处于湿润状态。

②由于喷层面积较大，设立专职养护人员，采用黑粘棉覆盖坡面。每日最少洒水4次，保证喷层湿润状态。

5. 回填开挖料保护层

（1）在坡面复合土工膜上铺回填土后碾压至设计要求，厚25 cm。施工方法如下：

①进料：从坡顶或坡底，用自卸车进料。

②由于复合土工膜已铺设，采用进占法铺土。铺土前在坡顶、坡脚设厚度标志，由于机械不能在复合土工膜上行走，采用人工转运、人工摊铺的方法。厚度用尺量，掌握松铺系数为1.1，虚土为27.5 cm。

③回填土铺设后采用手扶式振动碾压实。用进退碾压法在坡顶设牵引设备上下碾压，每次错压1/3碾迹，上下一次压实，行车速度由试验确定。

④回填土压实后，由质检人员采用灌水法取样，合格后进行下一道工序。

（2）在坡面回填土上和坡顶复合土工膜上铺设土工网。

（3）在坡面再回填土，碾压至设计要求，厚度23 cm，在坡顶回填土并压实，厚度为23 cm。

（4）在坡面、坡顶铺设土工网垫，喷撒拌和草种的耕植土，耕植土要求覆盖土工网2.0 cm。

（5）坡面排水沟和其他构筑物混凝土浇筑，在保护面回填后进行。

6. 土工网铺设及拼接的技术要求

将成卷的土工网沿坡底方向铺设。土工网间连接方式如下：

在机械加工方向（纵向）上搭接长度不小于7.5 cm，在横向上搭接长度不小于15 cm，横缝为顺坡搭接。然后使用塑料带把材料抱紧在一起。在机器加工方向（纵向）上连接间距为 150 cm，在横向上连接间距为 30 cm。如图 6-12 所示土工网连接示意图。

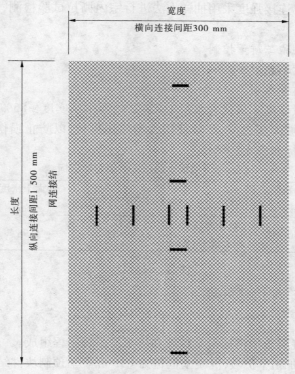

图 6-12　土工网连接示意图

7. 土工网垫的铺设与连接

土工网垫铺设于整个回填土层表面，其连接方法和要求同土工网。

（三）施工质量控制

复合土工膜处理层施工应重点控制原材料、回填料压实和砂浆喷护，其中原材料应严格按有关规定和技术指标进行控制。

1. 复合土工膜施工质量控制要求

各铺设幅之间搭接宽度不小于 10 cm，采用现场双缝焊接。焊接时，先进行撕拉试验，焊接小样，焊缝未被撕拉破坏，而母材撕裂为合格，然后用调整好状态的热熔焊机进行正式焊接。采用其他拼接方法施工时，先进行撕拉试验检验拼接小样，当拼接处未被撕拉破坏，且拼接处满足密封性检测标准为合格。

（1）密封性检测：采用充气法对复合土工膜全部拼接处进行密封性检测。将待测段（长度 30~60 m）两端封死，插入气针，充气压力达到 0.15~0.2 MPa。在 0.5 min 内压力表能维持读数的表明不漏，为焊接合格。检测方法执行《水利水电工程土工合成材料应用技术规范》（SL/T 225—98）。

（2）强度检测：对复合土工膜的焊接抽样进行室内撕拉试验检测。焊缝抗拉强度大于母材强度为合格。

2. 土工网及土工网垫的施工质量控制

土工网及土工网垫拼接时必须满足上述关于搭接长度的要求。用塑料绳带把材料拴在一起，不能脱落，其连接强度采用抽样方法进行室内撕拉试验检测，要求拼接处抗拉强度大于母材强度。

3. 中粗砂找平层施工质量控制

要求坡面平整度不超过±3 cm。

4. 回填土施工质量控制

回填土的含水量应高于最优含水量1%～2%，要求压实度≥85%。在回填土碾压施工过程中，应使用斜坡碾压机械，严禁使用大型碾压机械，以防止损伤复合土工膜、土工网，回填土的压实指标如表6-5所示。

表6-5　回填土的压实效果控制指标

材料	最大粒径（mm）	含水量（%）	压实度（%）	最大干密度（g/cm³）	最优含水量（%）
开挖料	<50	高于最优含水量1～2	≥85	1.98	12.9

四、混凝土框格加植草处理

(一)工程结构

混凝土框格由混凝土框格加植草护坡和排水沟系统工程组成。

(1)混凝土框格加植草护坡，混凝土框格为C15混凝土预制块件结构型式，见图6-13，混凝土固件厚度为100 mm，结构为六边形，单边长为250 mm，框格内植草护坡，草种为当地耐寒、易生长的草籽，混凝土框格为C15混凝土，由工厂生产挤压制成。

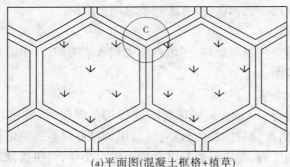

(a)平面图(混凝土框格+植草)

(b)C细部详图

图6-13　内坡坡面防护

(2)排水系统工程分纵横排水沟，其断面型式为矩形浆砌块石结构断面尺寸，高×宽:75 cm×70 cm，内径为60 cm×40 cm。

(3)砂浆强度等级为M7.5。

(二)施工材料的技术要求

(1)水泥:粉煤灰的质量均应符合国家的检测标准，有出厂合格证及化验单。

(2)中粗砂质量应符合混凝土规范的标准要求。

（3）粗骨料的各项指标应符合规范要求。混凝土及砂浆的配合比应通过实验室试验确定。

（4）主要技术要求：

①护坡六角形空心框为预制构件，框格质检采用M7.5砂浆砌筑，并以混凝土护肩型式锁紧。

②六角框内种植草皮护坡。

③草种及耕植土：草皮缘应选择当地易于生长的、耐旱耐寒性的草种。

（5）施工程序：测量放样—修坡—矩形排水沟施工。

①测量放样：在渠道大面积开挖回填完成后，左右岸渠坡工作面出来后即根据施工图进行护坡、定位放样。确定平台、坡肩线、坡脚、坡顶位置等。

②修坡：根据放样控制桩分段在坡顶、坡脚位置钉入一木桩，木桩上画出混凝土框格砌筑面高程，坡顶、坡脚成平行线，用拉线控制上下左右中间位置的平整度，人工用平面铁锹精修坡，使其达到设计要求，基础平整度不应超过±5 cm。由于框格内种草，坡面需预留植耕位置10 cm，以便于植草生长。

③矩形排水沟施工：

a. 放样。采用全站仪在修坡后放样，按施工详图确定纵横向排水沟位置和高程。

b. 矩形排水沟采用两侧挂线，根据放样标准尺寸开挖排水沟宽度、深度，从坡脚开始往上安砌，安砌前先在现浇混凝土砌筑位置铺砂浆2 cm。找平沿双线安放矩形沟的块石，保持缝宽1.5 cm，错缝，缝内填实砂浆，砌好后内侧用黏土回填夯实。要求砌块安砌稳固牢靠，线条直顺、平整无差错，填缝饱满严密，整洁坚实，缝宽一致、平缝。

c. 养护。矩形排水沟安装后，用养护剂养护或覆盖洒水养护。

④混凝土框格护砌的施工技术要求。施工程序：放样—混凝土框格预制件由预制厂生产—护砌—接头处理。

a. 放样。在渠道边坡开挖0.3 m，回填0.2 m，削坡完成后，重新对控制桩进行校核，并重新确定砌筑面，分段、拉线控制混凝土格面平整度及位置。

b. 混凝土框格预制件由预制厂采用专门挤压机械生产，配合比由实验室按设计要求进行试验确定。

c. 混凝土框格护衬从坡面底部开始逐渐铺至堤顶，框格之间砌筑预留1 cm缝隙，用M7.5砂浆填实。六角形要砌筑成型，角棱规范、平顺、结合紧密，外表美观，并以混凝土护肩型式锁紧，砌筑完成后需保证坡面平整。

d. 混凝土框格护坡铺设后，接头处及时喷养护剂或喷水养护，以保证混凝土构件质量。

e. 混凝土框格护坡砌筑完后，及时回填混凝土框格。回填材料为耕植土，回填时用人工，由下至上采用进占法回填，一定保持砌筑成型，使框格不移动、不变形，坡面平整，回填耕植土面低于框格面1 cm。

f. 草皮种植。草皮采用人工播种法，播种要求种子纯度在90%以上，发芽率在80%以上。草皮播种前要精细整地，栽后草坪保持平整，无杂草。土层厚度不应小于30 cm。

g. 施底肥。在施工中提前将饼肥打碎撒在平整过的土中，并翻松与土壤充分混合或利用回填土混合底肥,使肥料与土壤充分混合。

h. 混合草籽。播种前一天用水浸泡催芽,时间在 12～24 h,肥料采用高级复合肥,再将浸泡好的草籽肥料保水剂按比例混合拌均匀。在混凝土框格回填土完成后,土地整平、坡面干净,土壤含水量适中,天气良好时,适时播种。采用人工播种,应由专人指导,均匀地将混合材料喷撒在整个坡上,并用土覆盖。播种结束后,及时采用人工降雨的方式使土壤表面保持湿润,促进草籽发芽生长。

⑤覆盖无纺布。在撒播完草籽混合料的坡面上,由人工自上而下覆盖一层无纺布,保护未发芽扎根的草籽,以免被风吹走、雨水冲毁,并可保持坡面水分,促使种子均匀分布。

⑥后期管理:对当年栽种的草种,除雨季外,应每周浇透 2～4 次水,使水渗入地下 10～15 cm 处为宜。应在每年土地解冻后至发芽前灌一次返青水,晚秋在草叶枯黄后至土地冻结前灌一次防冻水,水量要充足,要使水渗入 15～20 cm 处。要坚持种植后的"三分栽,七分管"的原则,除做到边栽边管外,还特别强调栽后一年内的养护工作,并做到进行日常性养护,坚持天天检查,发现问题及时解决,科学管理,及时除草、防虫等。

⑦质量控制。

a. 回填土施工质量控制:回填耕植土施工时的含水量应高于最优含水量 1%～2%,要求压实度≥85%,最大粒径小于 50 mm。在回填过程中,使用小型机器,如振动板、手扶式振动碾等压实,框格内充分洒水,自然密实。

b. 混凝土框格质量控制:混凝土六角空心框格预制护坡施工符合以下要求:强度符合设计标准,尺寸准确,整齐统一,表面清洁、平整,预制块铺砌平整、稳定,缝隙紧密、规则。坡面平整度要求达到 2 m 靠尺检测不超过 ±1 cm。

c. 排水沟质量控制:配合比符合设计要求并由试验确定,砌筑块要求缝线顺直,砂浆饱满度达到 80% 以上。平整度标准 1 cm/2 m,砂浆为 M7.5。

d. 植草:要求选种、选土、种植、养护,保证成活率,保证坡面稳定安全,不冲刷。

五、砌石拱处理

(一)砌石拱结构

砌石拱为浆砌块石,断面尺寸为 300 mm × 300 mm,石拱半径 1 500 mm,采用 M7.5 砂浆砌筑,如图 6-14 所示。

(二)材料的技术要求

材料有块石、砂、水泥、水及耕植土、草籽等。

1. 材料的技术要求

(1)块石:砌石体的石料材质应坚硬新鲜,无风化剥落层或裂缝,表面无污垢、水锈等。用于表面的石材要求色泽均匀,石料的物理力学指标应符合设计要求。

(2)砂、水泥、水:各项指标均应符合《水工混凝土施工规范》(DL/T 5144—2001)中的各项指标。

(3)配合比:M7.5 砂浆应通过试验确定。

(4)水:采用饮用水。

(5)草籽、耕植土:采用耐旱、易活、适宜当地生长、符合工程需要的草籽。耕植土要

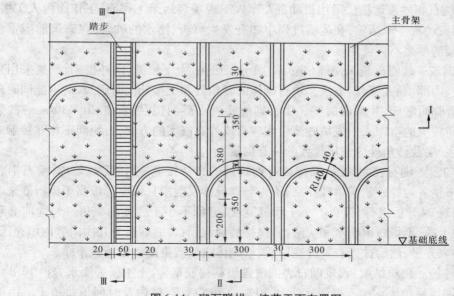

图 6-14　砌石联拱 + 植草平面布置图

求质地疏松,干不开裂、湿不泥泞,空气流畅,排水良好,富含养分,而且团粒结构性强,能经常保持土工的水分。

2.施工过程

施工程序:放样—削坡修坡—浆砌石拱—草皮种植—播草籽—覆盖无纺布—后期管理养护。

1)放样

采用全站仪根据设计图纸要求确定坡脚和坡顶平台、肩线、坡脚位置。

2)削坡、修坡

根据放样砌石面设计线削坡 10 cm,先用挖掘机挖斗前面沿加削坡板粗削后,再用人工精削。人工精削前应重新放样拉线,除在坡脚、平台、高坡顶放样外,要求放样砌石拱位置及控制桩,并画砌石面高程,以便精确控制砌石厚度。人工根据放样线削坡、修坡,尤其是砌石拱位置,一定要拉线控制,达到设计砌石厚度,修坡合格后方可进行下一道工序。

3)浆砌石拱的技术要求

(1)校核砌石拱,放样砌石线及控制桩,采用双线控制砌石面,保证砌石拱的断面尺寸。按施工图要求开挖基槽,清理干净后经验收合格方可砌筑。

(2)石料的选择。材质应质地坚硬、新鲜完整、无风化剥落和裂纹。表面无污垢、水锈等杂物,块石厚度大于 15 cm,至少有两个面基本平行。砌体表层的石料必须具有一个可做砌筑表面的平整面。

(3)砌筑砂浆原材料(砂、水泥、水)必须符合国家标准规定。砂浆必须符合设计强度,砂浆配合比经试验确定,并具有良好的保水性。砂浆采用拌和机拌制,配料须经过衡器称量,并控制在允许的误差范围内,拌和时间符合规范要求,砂浆稠度为 30 ~ 50 mm,当气温变化时,适当调整。

（4）块石和砂浆运输。采用机动翻斗车人工现场装运至工作面,工作面内人工搬运。砂浆采用机动翻斗车运输,在运输过程中如有发生离析、泌水的砂浆,在砌筑前应重新拌和,已初凝的砂浆不再使用。

（5）砌筑。块石砌筑采用铺（坐）浆法,分层卧砌、上下错缝、内外搭砌,严禁采用外侧面立石块、内部填心的砌筑方法。块石砌体的转角处和交接处同时砌筑,对不能同时砌筑的面,留置临时断面,并砌成斜槎。块石砌前要洒水湿润,灰缝宽度 20 ~ 30 mm,砂浆饱满,石块间较大的空隙采用先填砂浆后用碎石或片石嵌实的方法,石块间不相互接触。块石砌体第一层及转角处应选用较大的块石砌筑。

（6）勾缝。砌石表面勾缝,保持块石砌筑后的自然接缝,要求美观匀称,块石形状突出,表面平整。勾缝砂浆应单独拌制,不得与砌筑砂浆混用且强度等级高于砌石砂浆。清缝宜在砌筑 24 h 后进行,缝宽不小于砌缝宽度,缝深不小于缝宽的 2 倍。勾缝前必须将缝槽冲洗干净,不得残留积水和灰渣,并保持缝面湿润,勾缝砂浆分几次向缝内填充压实,直至与外表齐平,然后抹光。勾缝完毕后,将砌体表面溅染的砂浆清除干净。

（7）养护。砌筑结束后,浆砌石表面覆盖黑粘棉或草袋、土工膜等洒水养护 14 d。

（8）回填耕植土。砌石拱强度达到 50% ~ 70% 后,石拱内及时回填耕植土。由坡顶用小型自卸车进料,人工撒耕植土,采用进占法回填,保护好已砌好的浆砌石拱,不得损坏石拱的棱角、边框等。回填后采用人工降雨的方法使耕植土密实,并保持土壤的养分,以利于下道工序,回填面要求低于砌石面 1 cm。

4）草皮种植

（1）草皮护坡采用人工播种法,播种要求种子纯度在 90% 以上,发芽率在 80% 以上,草皮播种前要精细整地,栽后草坪保持平整、无杂草。

（2）土层厚度:土层厚度不应小于 30 cm,在小于 30 cm 的地方应加厚土层。框格内填土高度低于空框 1 cm。

（3）施底肥:在施工中提前将饼肥打碎撒在平整过的表土上,并翻松与土壤充分混合;或在施工结束后,回填土混合肥,使肥料与土壤充分混合。

（4）混合草籽:播种前一天用水浸泡催芽,时间在 12 ~ 24 h,肥料采用高级复合肥,再将浸泡好的草籽、肥料、保水剂按比例混合搅拌均匀。

（5）播草籽:混合料在砌石拱回填土完成后,土地整平,坡面干净,土壤含水量适中,天气良好时,适时播种。采用人工播种,由专业人员指导,均匀地将混合材料喷撒在整个坡面上,并用土覆盖。播种结束后,及时采用人工降雨的方式,使土壤表面保持湿润,促进草籽发芽生长。

（6）覆盖无纺布:在撒播完草籽、混合料的坡面上,由人工自上而下覆盖一层无纺布。保护未发芽扎根的草籽,以免被风吹走、雨水冲毁,并可保持坡面水分,促使种子均匀分布。

5）后期管理和养护

当年栽种的草坪,除雨季外应每周浇透 2 ~ 4 次水,以渗入地下 10 ~ 15 cm 为宜,应在每年工地解冻后至发芽前灌一次返青水,晚秋在草叶枯黄后至土地冻结前灌一次防冻水,水量要充足,要使水渗入地下 15 ~ 20 cm 处。种植后坚持"三分栽,七分管"的原则。除做到边栽边管外,还特别强调栽后一年内的养护工作,并设专人进行日常性养护管理,坚持天天检查,发现问题及时解决,并进行科学合理的管理,及时除草,保持草坪洁净,促使苗木健壮生长,加强病虫害防治,及时修剪,达到表面平整,边界分明。

3. 施工质量控制

(1)砌筑必须保证所有原材料、配合比均符合国家有关标准和规范及设计要求,砌筑必须采用铺筑坐浆法,砌体石块宜分层卧砌,上下错缝,内外搭砌,不得采用外面侧立石块,中间填心的砌筑方法。所用砂浆强度等级一定要达到设计要求。

(2)在铺砌之前,石料表面应洒水,砌体基础的第一层石块应先铺砂浆,并大面朝下。基础的扩大部分,如做成梯形,上级阶梯的石块至少压砌下级阶梯的1/2,相邻阶梯的石块应相互错缝搭砌。砌体的第一层及其转角处、交接处和接口应选用较大的平整块砌筑。

(3)砌体结构尺寸和位置的允许偏差:轴线位移不得超过500 mm,基础和顶标高不得超过20 mm,坡度不得超过0.5%,平整度不得超过30 mm。

(4)控制好灰缝宽度,要均匀一致,一般为20~30 mm。

(5)勾缝比砌石面凹3~5 mm,必须达到宽度、深度一致,表面光滑,勾缝砂浆严格按配合比拌制,并高于砌石砂浆强度。

(6)加强养护。

第七章　倒虹吸及渠道工程安全监测

安全监测主要是监测贾峪河及贾鲁河两座倒虹吸在施工期和运行期的工作实态,对倒虹吸的运行状况进行评估和预测、预报。为保证工程安全,改进和提高设计、施工和管理的技术水平提供科学依据。

倒虹吸的安全监测范围主要是倒虹吸的管身水平段和上下游段,对倒虹吸安全有直接关系的建筑物。安全监测包括巡视和安装埋设仪器设备,并进行观测。

倒虹吸的安全监测,必须根据设计要求、工程等级结构型式及其地形、地质条件和地理环境因素,设置必要的监测项目及其相应的设施,定期进行系统的观测,各类监测项目及埋设均应遵守设计及《土石坝安全监测工作的技术规范》(SL 60—94)的各项规定。

第一节　倒虹吸建筑物安全监测工作应遵循的原则

倒虹吸工程安全监测的内容主要有外部变形、内部变形和应力、渗流等,其主要设备和项目有:水平固定倾斜仪、土压力计、应变计、钢筋计、界面变位计、电缆及水尺安装等。为实现预定监测的目的和任务,监测重点应依倒虹吸的等级和工作阶段而不同,因此倒虹吸的安全监测必须遵循以下原则和满足设计要求:

(1)各监测仪器设备的选择要在可靠、耐久、经济、实用的前提下,力求先进和便于实现自动化观测。

(2)各监测仪器设施的布置应密切结合工程的具体条件,既能较全面地反映工程的进行状态,又突出重点并做到少而精,相关项目应统筹安排,配合布置。

(3)各项监测仪器设备的安装埋设必须按设计要求精心施工,确保质量。安装和埋设完毕,应绘制竣工图,填写考证表,存档备查。

(4)应保证在恶劣气候条件下仍能进行必要的项目观测,必要时可设专门的观测站(房)和观测廊道。

(5)设计应能全面反应倒虹吸的工作状态,仪器布置要目的明确,重点突出。观测的重点应该放在倒虹吸结构或地质条件复杂的地段。观测设备应及时安装埋设,以保证第一次运行时能获得必要的观测成果。

(6)安全监测仪器设备应精确、可靠、稳定、耐久,监测仪器使用时应有良好的照明、防潮和交通条件,必要时可设置专门房屋以保证在洪水、严寒、冰冻等情况下仍能进行观测。采用自动化观测时,还应安排人工进行必要的观测工作,以保证在自动化仪器发生故障时,观测数据不至于中断。

(7)应切实做好观测工作,严格遵守规程、规范和设计的要求,做到记录真实、注记齐全,填写好考证表,观测数据应立即整理好并存档。

第二节 倒虹吸工程安全监测工作的要求

倒虹吸工程的安全监测工作应符合以下要求：

（1）施工阶段应根据安全监测的设计和技术要求提出施工详图，施工单位应做好仪器设备的埋设、安装、调试和保护工作，并固定专人进行现场观测，保证观测设施、仪器安装技术的完整和良好及观测数据连续、准确。工程竣工验收时，应将观测施埋记录和施工观测记录及竣工图等全部资料整编成正式文件移交给管理单位。

（2）安全监测的设备埋设应随土建工程进行。为避免或减少仪器埋设过程的干扰，应严格按《土石坝安全监测技术规范》（SL 60—90）有关规定，保证监测设施埋设时的施工质量，并特别注意对已埋设仪器设备和电缆线路等的保护，以避免造成观测数据的缺失。

（3）仪器的安装埋设必须按设计所选的仪器型号、类别的说明书的规定进行，同时遵守有关技术规范操作程序进行施工。

（4）监测仪器使用的电缆，要求使用监测专用的水工电缆，以保证质量，不允许用其他类型的电缆替代。

（5）施工单位的施工应由专职技术人员组织实施，严格按施工详图和《土石坝安全监测技术规范》（SL 60—94）的要求和设计规定及仪器使用说明书中的安装工艺来进行全部监测仪器的安装、埋设，并对设备仪器的仪表、插电缆口及监测断面等进行统一编号（应与施工详图编号一致），建立档案卡。

（6）施工单位应负责整个施工过程中对已埋设监测仪器的观测，监视险情，及时提供施工期观测报告（一般为月报并根据工程实际情况需要进行调整）。如发现观测值异常，应立即通报监理工程师及业主、设计等人员，以便共同分析原因，及时采取处理措施，并相应增加测次，必要时进行连续观测。

（7）监测仪器安装埋设在电缆敷设的线路上，应设置明显的警告标志。监测仪器至测站（或临时测站）及堤顶电缆，应尽可能减少电缆接头。电缆的连接和测试应满足《土石坝安全监测技术规范》（SL 60—94）及《大坝安全监测技术规范》（SD 1336—89）中的有关要求。

（8）施工单位在工程竣工后应向承包（监理）单位移交全部埋设仪器的档案资料，主要包括测点埋设布置图、仪器检验率定资料以及包括初始读数、施工现场时间在内的全部原始和整编监测资料。

（9）初始运行阶段应制订监测工作计划和主要的监控技术指标。在倒虹吸开始运行时就做好安全监测工作，取得连续的初始值，并对倒虹吸的工作状态作出初步评估。

（10）运行阶段应进行经常的及特殊情况下的巡视、检查和观测工作，并负责监测资料的整编、监测报告的编写以及监测技术档案的建立。要求管理单位根据巡视检查和观测资料，定期对倒虹吸工程的工作状态（工作状态可分为正常、异情和险情三类）提出分析和评估，为大坝的安全鉴定提供依据。

（11）各项观测值应使用标准记录表格，认真记录填写，严格制度，不准涂改和遗失。

观测的数据应随时整理和计算,如有异常应立即复测。当影响工程安全时,应立即分析原因和采取对策,并上报主管部门。

(12)当发生有感地震时,倒虹吸工作状态出现异常等特殊情况下,应加强巡视检查,并对重点部位的有关项目加强观测。

(13)在采用自动化监测系统时,必须进行技术经济论证,仪器设备要稳定、可靠,监测数据要连续、正确、完整,系统功能应包括数据采集、数据传输、数据处理和分析等。数据采集自动化可按各监测项目的仪器条件分别实现。自动化设备应有自检、自校功能,并应长期稳定,以保证数据的准确性和连续性。数据采集实现自动化后,仍应适当进行人工监测,并继续做好巡视检查。数据储存(分析、预报技术及报警等)的自动化已有条件优先实现,基本观测的数据和主要成果仍应具备硬拷贝存档的功能。

第三节　安全监测系统的布置原则和方法

倒虹吸工程安全监测布置的内容,主要是指监测项目的确定、监测断面高程部位的选取,以及监测仪器的选型等。所有的这一切都应体现工程的具体特点与要求。因此,监测布置应从总体上规定一个工程的监测规模、投资与效益目录,所以对于重要的工程应当进行多方案的对比取舍。

一、监测布置设计的考虑因素

(1)工程的等级、规模与施工条件,主要的施工工期、施工布置进度、技术工艺水平等。

(2)倒虹吸工程的特点、倒虹吸的变形问题、在正常运行期的渗流和沉降等问题。

(3)地形地质条件,例如倒虹吸的地址、河谷宽窄、陡缓,有无断层破碎带、软泥、不良地质及覆盖层等的情况。

(4)监测仪器的类型与性能,在这方面有仪器性能的选择、确认和研究,有仪器监测方面的确认与校测。前者可考虑监测仪器的重复布置、对比布置,后者可考虑校测布置。

(5)专门问题的考虑,指工程设计未能充分论证而遗留的问题,也可以是工程中的特殊问题,或拟研究的问题。

(6)监测变量之间的校核、验证、监测布置。有条件时应尽可能使相关监测变量之间能相互校核与验证;同时也要尽可能使其能形成分布线等值线。

二、安全监测系统布置的原则

(1)各监测仪器、设施的布置,应密切结合工程具体条件,既能较全面地反映工程的运行状态,又宜突出重点和少而精。相关项目应统筹安排,配合布置。

(2)各监测仪器、设备的选择,要在可靠、耐久、经济、实用的前提下,力求先进和便于实现自动化观测。

(3)各监测仪器、设施的埋设要按工程或试验研究的需要,地质条件结构特点和观测项目来确定。选择有代表性的部位布置仪器,仪器布置要合理,注意时空关系,控制关键部位。

（4）埋设仪器位置应选择能反映出预测的施工和运行情况，特别是关键部位和关键施工阶段情况的地方，有条件的应在开工初期进行仪器埋设观测，以便得到连续、完整的记录。在施工中尽早获取资料，并逐步修正数学解析模型中用到的参数。

（5）埋设选择应有灵活性，以便根据施工中的具体资料修改仪器的具体位置。为了掌握岩土介质的固有特性或建筑物的性能，要准备随即布置。

（6）为了校核设计的计算方法，观测断面应在典型区段选择岩体，或在结构形态变化最大的部位。监测施工和运行的观测断面应选在条件最不利的部位，断面数量和仪器数量取决于被测工程尺寸，并与控制的目的相吻合。

（7）在观测断面上应考虑岩体和结构的性态变化规律，结构物的尺寸与形状预计的变形、应力和其他参数的分布特征。测点的数量，在考虑到结构特征和地质代表性后，依据上述特性变化情况和预测参数变化梯度来确定，梯度大的部位测点间距小，梯度小的部位间距大。

（8）监测布置要考虑到便于与计算和参照模型比较和验证。

（9）有相关因素的监测仪器，要注意仪器的相关性，布置要相互配合，以便综合分析。

（10）仪器的布置力求以合理的最少量达到观测的目的，在满足精度的要求下达到观测方便，测值能相互对比校核。要尽量排除影响精度的因素。

（11）仪器设备布置总的原则是突出重点，兼顾全局，并应满足建立安全监测数学模型的需要，同时兼顾指导施工校核，达到提高设计水平的目的。

三、安全监测布置的方法

（1）当监测断面确定之后，监测高程一般按三分点、四分点等均匀布设，亦可在倒虹吸进出口段及管身中段布设。

（2）一般情况下测点的布设多遵循均布的原则，但对于倒虹吸的沉降、土压力及接缝的位移处等，着重强调的是重点布设。

（3）仪器组的布设，有些项目在同一测点布设成组仪器，如土压力计、应变计等。

（4）土压力观测，可按 1~2 个观测横断面，特别重要的工程可增设 1 个观测纵断面。

第四节　监测仪器现场检验与率定

一、监测仪器的检验率定目的

（1）校核仪器出厂参数的可靠性。

（2）检验仪器的稳定性，以保证仪器性能长期稳定。

（3）检验仪器在搬运中是否损坏。

二、监测仪器现场检验的内容

（1）出厂仪器资料数据卡片是否齐全，仪器数据与发货单是否一致。

（2）外观检查，仔细查看仪器外部有无损伤、痕迹、锈斑等。

（3）用专用仪表测量仪器线路有无断线。

（4）用兆欧表测量仪器本身的绝缘是否达到出厂值。

（5）用二次仪表测试仪器测值是否正常。

三、仪器的各项率定要求

目前，我国使用的监测仪器主要有差动电阻式仪器和钢弦式仪器。通常使用的有大小应变计、应力计、土压力计、钢筋计、测缝计等，其率定的内容有最小读数（f）、温度系数（α）、绝缘电阻（防水能力）等。

（一）最小读数 f 的率定要求

（1）率定设备及工具：大、小校正设备各 1 台，水工比例电桥 1 台，活动扳手 2 把，尖嘴钳 1 把，起子 1 把。

（2）率定准备：在记录表中填好日期、仪器名称，率定人员按仪器芯线颜色接入水工比例电桥的接线柱，测量自由状态下电阻比及电阻值。将大应变计放入校正仪两夹具中，用扳手扳紧螺丝，将两端凸缘夹紧。拧螺丝时，四颗要同时缓慢地进行，边紧螺丝边监测电阻比的变化。仪器夹紧时，电阻比读数与自由状态下电阻比之差值应小于 20，否则放松后重新按上述方法进行。然后，将千分表放入固定支座内夹紧，但须注意以让千分表活动伸缩杆能自由移动为限。移动千分表支座，以便千分表活动杆顶住仪器端面，并顶压 0.25 mm 之后，固定千分表支座转动表盘，使长针指零，摇动校正仪手柄，对仪器预拉 0.15 mm，回零再压 0.25 mm，这样经过三次之后可正式进行率定。

（3）正式率定：开始时千分表表盘上的小指针指向 0.05 mm，长指针指零，摇动校正仪手柄。每拉 0.05 mm 读一次电阻比，并记入表中，拉三次后反摇手柄分级压，每级仍为 0.05 mm 读一次。再继续反摇手柄，使仪器压 0.05 mm 读一次电阻比，照此继续使仪器压至 0.25 mm 后又分级退压直到回零，完成一个循环的率定，即可结束该支应变计的率定工作。取下仪器，测量率定后自由状态下电阻比及电阻值。小应变计率定步骤同上，拉伸范围为 0.06 mm，压缩范围为 0.12 mm。

（4）率定后最小读数的计算：

$$f = \frac{\Delta L}{L(Z_{max} - Z_{min})} \tag{7-1}$$

式中　ΔL——拉压全量程的变形量，mm；

　　　L——应变计标距长度，mm；

　　　Z_{max}——拉伸至最大长度时的电阻比（×0.01%）；

　　　Z_{min}——压缩至最小长度时的电阻比（×0.01%）。

率定结果值相差小于 3%，认为合格。

（5）直线性 a 的计算：

$$a = \Delta Z_{max} - \Delta Z_{min} \tag{7-2}$$

式中　ΔZ_{max}——实测电阻比最大极差（×0.01%）；

　　　ΔZ_{min}——压缩至最小长度时的电阻比极差（×0.01%）。

率定结果,若 $a \leqslant 6 \times 0.01\%$,为合格。

(二)温度系数 α 的率定

差动电阻式应变计对温度很敏感,它可作温度计使用。计算应变时须用温度修正测值,因此应率定温度系数。

1. 率定设备及工具

恒温水浴 1 台、水银温度计 1 支(读数范围为 $-20 \sim 50$ ℃,精度为 0.1 ℃)、水工比例电桥 1 台、千分表 1 块、扳手 2 把、记录表若干张。

2. 率定步骤

(1)将若干冰块敲碎,冰块直径小于 30 mm 备用。

(2)在恒温水浴底均匀铺满碎冰,厚 100 mm,把仪器横卧在冰上。仪器与浴壁不能接触,再覆盖 100 mm 厚的碎冰,仪器电缆按色接在电机的接线柱上,把温度计插入冰中,向放好仪器的碎冰槽内注入自来水,水与冰的比例为 3:7 左右,恒温 2 h 以上。

(3)0 ℃电阻测定:每隔 10 mm 读一次温度和电阻值,并记下测值,连续 3 次读数不变后,结束 0 ℃试验,得到 0 ℃时的电阻值(R_0)。

(4)再加入水或温水,搅动使温度升到 10 ℃左右,恒温 30 min,保持 10 min,读 1 次温度和电阻,连续测读 3 次,结束该级温度测试,再加入温水搅匀,使温度保持恒温后读数,按上述方法测 4 次。

(5)温度系数 α 的计算:

$$\alpha = \frac{\sum_{i=1}^{n} T_i}{\sum_{i=1}^{n} (R - R_0)} \tag{7-3}$$

式中　T_i——各级实测温度,℃;

　　　R——各级实测电阻值,Ω;

　　　R_0——0 ℃时电阻值,Ω。

(6)温度 T 的计算:

$$T = \alpha \times (R_1 - R_0) \tag{7-4}$$

式中　R_1——计算温度时用的电阻值,Ω;

　　　其他符号意义同前。

如果率定值温度之差小于 0.3 ℃,则认为合格。

(三)防水试验

1. 试验设备及工具

压力容器、压力表、进水管、排水管、排水阀、受冻或电动压水试验泵、水工比例电桥、兆欧表、扳手等。

2. 试验的步骤

(1)用兆欧表测仪器绝缘度。将绝缘值大于 50 MΩ 的仪器放入水中浸泡 24 h 之后,测浸泡后的绝缘值。若浸泡后绝缘值下降,视为不能防水。

(2)将初验合格的仪器放入压力容器,把电缆线从出线孔中引出,将封盖关好。用高压皮管将泵与压力容器连接,启动压力泵,使高压容器充水,待水从压力表安装孔溢出,排出压力容器内所有的空气后,再装上0.2级的标准压力表,拧紧电缆出线孔螺丝。

(3)试压水可加压到最高压力,看密封处是否已封堵好,打开水阀降至零。如果没有封堵好,处理好后再试压直到完全密封不漏水。

(4)把仪器的电缆按芯线颜色接到水工比例电桥上。

(5)按最高水压分为4~5级(等分)。从零开始,分级加压至最高压力后,又分级退压,直到回零。各级测读一次电阻比,并记录到正式的记录表中。完成上述试验,循环结束。

(6)用500 V兆欧表测仪器的绝缘电阻。绝缘电阻大于50 MΩ,为防水性能合格。

四、应变计(钢弦式)的率定

(一)灵敏度K值的率定

1. 率定设备及工具

率定架1台、千分表1块、8号扳手2只、起子1把、钢弦式频率计1台。

2. 率定步骤

(1)在规定的表上填写好率定日期、试验者姓名、仪器编号、自由状态下的频率。

(2)将应变计放入率定夹头内,用扳手将仪器的两端夹紧,前后的频率变化不得大于20 Hz。

(3)在率定架上安装千分表,使千分表测杆压0.5 mm后固定,转动表盘使长针指零。

(4)对仪器拉压三次,拉0.15 mm后,压0.25 mm记录零位频率,分级拉压0.05 mm一级,完成一次拉压之后回零,为一个循环。每级测读一次频率,做三个循环后结束,取下仪器,测其自由状态下频率。

3. 计算灵敏系数K

灵敏系数K计算公式为

$$K = \frac{\sum\limits_{i=1}^{n} \dfrac{L_i}{L}}{\sum\limits_{i=1}^{n} (f_i^2 - f_0^2)} \tag{7-5}$$

式中　L_i——各级拉压长度,mm;

　　　L——仪器长度,mm;

　　　f_0——未拉时的频率,Hz;

　　　f_i——各级测读的频率,Hz;

　　　n——拉压次数。

4. 判断率定资料合格的方法

具体计算公式为

$$\varepsilon_i' = \frac{K(f_i^2 - f_0^2)}{L} \tag{7-6}$$

$$\Delta = \frac{\varepsilon_i - \varepsilon_i'}{\varepsilon_i} \tag{7-7}$$

式中　ε_i——实测的各级应变值；

　　　ε_i'——计算的各级应变值；

　　　Δ——相对误差，当$|\Delta| \leqslant 0.01$ 时为合格。

（二）防水试验

钢弦式应变计的防水试验与差动电阻式应变计率定的方法相同,只是测量仪表改用频率计。

五、压力计的率定

压力计的率定根据使用条件采用相应的试验方法。不同的使力介质所率定出的参数有一定的差别,因此标定工作需在压力计使用前标定方向。常用如下方法标定。

（一）油压标定

（1）方法:油压标定是把压力计放入高压容器中,用变压器油作使力介质,试验方法同差动式应变计防水试验。校定时,应等分五级以上的压力级,每级稳压 10 ~ 30 min 之后才能加压或减压。

（2）灵敏系数 K 的计算:

$$K = \frac{\sum_{i=1}^{n} P_i}{\sum_{i=1}^{n} (f_i^2 - f_0^2)} \tag{7-8}$$

式中　P_i——各级压力时标准压力表读数,MPa；

　　　f_i——各级压力下的频率,Hz；

　　　f_0——压力为零时的频率,Hz。

（3）仪器误差 Δ 的计算:

$$P_i' = K(f_i^2 - f_0^2)$$

$$\Delta = \frac{P_i - P_i'}{P_i}$$

式中　P_i'——计算得到的压力值,MPa；

　　　其他符号意义同前。

$|\Delta| \leqslant 1\%$ 为合格,若此规定与国家有关规范有出入,以规范为准。

（二）水压或气压标定方法

（1）主要设备:砂石标定罐,其内径应大于压力计外径的 6 倍,罐的底板和盖要有足够的刚度,在高压下应无大的变形。0.35 级标准压力表 1 只、小型空压机 1 台、频率计 1 台。

（2）标定的方法:将压力计放在标定罐的底板上,让压力计的受力膜向上,盒底与放置底板紧密接触,导线从出线孔引出罐外。

标定用砂要与工程实际用砂相似,如为土则需要夯实,厚度应大于 10 mm,正式标定前,先试加压至最大量程,观察标定罐有无漏气,仪器是否正常,再按压力计允许量程等分五级,逐级加荷卸荷。照此做一个循环,在各级荷载下测读仪器的频率值。

（3）灵敏度系数 K 的计算及合格判断均同油压试验。

压力计使用前还应通过率定,确定压力盒或液压枕边缘效应的修正系数、转换器膜片的惯性大小和温度修正系数。

第五节　常用安全监测仪器安装和埋设的技术要求

常用安全监测仪器的安装埋设,施工前应进行充分的准备,准备工作的主要内容有材料设备准备、技术准备、仪器检验率定、仪器与电缆的连接、仪器编号、土建施工等。

一、材料准备

材料准备的内容如表 7-1 所示。

表 7-1　仪器安装埋设施工的主要材料设备

项目	内容	说明
1. 土建设备	(1)钻孔和清基开挖机具 (2)灌浆机具与混凝土施工机具 (3)材料设备运输机具	在岩土体内部安装埋设仪器时,需要钻孔、凿石、切槽和灌浆回填,机具的型号根据工程需要填写
2. 仪器安装设备、工具	(1)仪器组装工具 (2)工作人员登高设备及安全装置 (3)仪器起吊机具和运输机具 (4)零配件加工,如传感器安装架及保护装置等	根据现场条件和仪器设备情况加以选用 安装仪器要借助一些附件,这些附件有厂家带的,大多数情况是根据设计要求和现场实际情况自行设计加工的 登高和起吊设备应根据地面或地下工程现场条件选择灵活多用的设备
3. 材料	(1)电缆和电缆连接与保护材料 (2)灌浆回填材料 (3)零配件加工材料、电缆走线材料和脚手架材料 (4)零星材料、电缆接线材料及零配件加工材料等	电缆应按设计长度和仪器类型选购 零星材料需配备齐全,避免仪器安装因缺一件小材料而影响施工进度和质量
4. 办公系统	(1)计算机、打印机及有关软件 (2)各种仪器专用记录表 (3)文具、纸张等	计算机软件包括办公系统、数据库和分析系统 记录表应使用标准表格
5. 测试系统	(1)有关的二次仪表 (2)仪器检验率定设备、仪表 (3)仪器维修工具 (4)测量仪表工具 (5)有关参数测定设备、工具	二次仪表是与使用的传感器配套的读数仪 岩土、回填材料和其他材料检验时的材料参数测定设备、工具

二、技术准备

技术准备的目的是了解设计意图、布置和技术规程，以便施工满足设计要求，达到设计的目的。技术准备的主要内容具体有：

（1）阅读监测工程设计报告及各项技术规程，熟知设计图纸和实施技术方法与标准。

（2）施工人员技术培训是设计交底的主要过程。通过培训，使工作人员了解技术方法和技术标准，确保施工质量。

（3）研究现场条件。监测工程的施工是与其他工程交叉进行的，仪器安装埋设施工，既要达到设计的实际要求，又要克服恶劣环境的影响，避免干扰。因此，仪器埋设前，对现场条件要进行全面的分析、研究，提出具体措施，在施工过程中，还要随时进行研究和调整。

三、仪器检验与率定

仪器安装埋设前，应按规程、规范进行检验和率定，合格后，才能进行安装埋设工作。

四、仪器与电缆的连接

仪器与电缆连接是保证监测仪器能长期运行的重要环节之一。尽管仪器经过各种测试，而保证无任何质量问题，如果因电缆或连接头有问题，仪器也不能长期正常地工作。因此，电缆与仪器的连接在安装前必须引起足够的重视。

（一）电缆的质量要求

以差动电阻式仪器对电缆的要求为例，要求芯线的电阻小、防水等。因此，要求选购观测专用电缆，其橡胶外套具有耐酸、耐碱、防水、质地柔软等特点，芯线直径不小于0.2 mm。钢丝镀锡100 m，单芯电阻小于1.5 Ω，电缆有两芯、三芯、四芯、五芯。用前应做浸水试验检查，检查时把电缆浸泡在水中，线端露出水面不得受潮，浸泡12 h后线与水之间的绝缘值大于200 MΩ为合格。若电缆埋在高水压下，应在压力水中进行检查，用万用表测芯线有无折断，外皮有无破损。如与要求一致，电缆质量为合格。

（二）电缆线的连接

仪器与电缆的连接必须按要求进行。

（1）电缆的长度，按仪器到现场双侧网实际需要的长度，加上松弛长度，进行裁料。松弛长度根据电缆所经过的路线要求确定。倒虹吸工程的松弛长度为实际长度的15%，一般不得少于5%，如有特殊要求另行考虑。

（2）剪线头，将选好的线端彩色橡胶皮剪除100 mm，如表7-2和图7-1所示。

表 7-2　电缆连接时对接芯线应留长度

芯线颜色	仪器电缆接头芯线长	接长电缆接头芯线长
黑	25	65（85）
红	45	45（65）
白	65	25（45）
绿	（85）	（25）

注：当电缆为四芯时应用括号内数值，五芯时可依次加长。

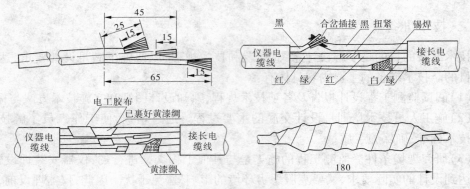

图 7-1 电缆连接工艺 （单位:mm）

把芯线剪成长度不等的线端,另一线的一端按相同颜色的长度相应剪短,各芯线连接之后,长度一致,结点错开,切忌搭接在一起。

(3)接线:把铜丝的氧化层用砂布擦出,按同颜色互相搭接,铜丝相互交叉拧紧,涂上松香粉,放入已溶化好的锡锅内摆动几下取出,使上锡处表面光滑无毛刺,如有应挫平。

(4)包扎:用黄漆绸小条裹好焊接部位,再用高压绝缘胶带缠线一层,用木挫打毛电缆端,橡皮长约 30 mm。用脱脂棉蘸酒精洗净后涂以适当的胶水将芯线并在一起,裹上高压绝缘胶带或硅橡胶带,或宽度 20 mm 的生橡胶,裹时一圈一圈地依次进行,并用力拉长胶带,边拉边缠,但粗细一致。包扎体内不能留空气,总长度约 180 mm,直径 30 mm,比硫化器模子长 2 mm,外径也比硫化器大约 2 mm 为宜,为使胶带之间易胶合,缠前宜在胶带表面涂以汽油。

(5)硫化:电缆接头硫化时,在硫化器模上均匀地撒上滑石粉,将裹扎好的电缆接头放入模槽中,合上模,拧紧旋扭,合上电源加热,一边加热,一边拧紧压紧旋钮,升温到155～180 ℃,恒温 15 min,关闭电源,自然降温,冷却至 80 ℃后方可脱模。

电缆的连接也可以采用热缩材料代替硫化。目前热缩管广泛应用于观测电缆的连接,它操作简单,有密封、绝缘、防潮、防蚀的效力。接线时,芯线采用 $\phi5 \sim \phi7$ mm 的热缩套管,加温热缩,用火从中部向两端均匀地加热,使热缩管均匀地收缩,管内不留空气,热缩管紧密地与芯线结合。缠好高压绝缘胶带后,将预先套在电缆上的 $\phi18 \sim \phi20$ mm 的热缩套管移至缠胶带处加温热缩。热缩前在热缩管与电缆外皮搭接段涂上热熔胶。

(6)检查:当接头扎好后测试一次,硫化过程中和结束后各测一次,如发现异常,立即检查原因,如果断线应重新连接。

五、仪器编号

(一)仪器编号的原则

仪器编号是整个埋设过程中一项十分重要的工作。工作中常常由于编号不当,难以分辨每支仪器的种类和埋设位置,造成观测不便,资料整理麻烦,甚至发生错乱。仪器编号应能区分仪器种类,埋设位置,力求简单明了,并与设计布置图一致。如某仪器编号为M1—2—3,它的含义是:“M”为多点位移计,“1”是第一个断面,“2”是第二个孔,“3”是第三测点。只要知道编号的含义,一见编号就知道是什么仪器,在第几个断面以及孔号和测点号。

（二）编号标注的位置

编号应注在电缆端头与二次仪表连接处附近。为了防止损坏和丢失,宜同时标上两套编号标签备用,传感器上无编号时,也应标注编号。

（三）仪器编号标签

仪器编号比较简单的方法是在不干胶的标签纸上写好编号,贴在应贴部位,再用优质透明胶纸包扎加以保护,也可用电工铝质扎头,用钢码打上编号,绑在电缆上,用电缆打号机把编号打在电缆上更好。编号必须准确可靠,长期保留。

钢弦式仪器常使用多芯电缆,除在电缆上注明仪器编号外,各芯线也要编号,也可用芯线的颜色来区分,最好按规律连接,如红、黑、白、绿分别连接1、2、3、4各号仪器。

六、仪器安装埋设的土建施工

安全监测工程的土建施工包括:临时设施工程施工、仪器安装埋设土建施工、电缆走线工程土建施工、观测站及保护设施土建施工。这些土建施工在各类工程监测中也有具体的方法和标准。这类土建施工工艺和技术标准比一般工程高而且细,这是仪器性能和观测精度的需要。所以仪器安装埋设前应做好土建施工,经验收合格后,才能安装埋设仪器。

七、仪器安装埋设的要点

安全监测仪器的安装埋设工作是最重要的环节。这一工作若没做好,监测系统就不能正常使用。大多数已埋设仪器是无法返工或重新安装的,这样会导致测量成果质量不高,甚至整个工作失败。因此,仪器的安装埋设必须事前做好各种施工准备,埋设仪器时应尽量减少对其他施工的干扰,确保埋设质量。下面按仪器种类分别叙述安装埋设的要求。

（一）倒虹吸填筑过程中土压力计的安装埋设

在倒虹吸填筑过程的回填过程中,土压力计的埋设方法有两种:一是坑埋,二是非坑埋,并根据工程和施工现场情况决定采用哪种方式。

（1）非坑埋。在埋土压力的设计高程快达到时,在填筑面上测点位置制备仪器基面。基面的要求必须平整、均匀、密实,并符合规定埋设方向。在倒虹吸回填体内的仪器面应分层填筑,先以回填土填筑表面和四周,并压实(夯实)确保仪器安全。在填筑过程中,应尽量使仪器周围的材料级配、含水量、密实度等与邻近填方接近,确保不损坏受压板。

（2）坑埋时,根据所埋区域材料的不同,在填方高程超过埋设高程 1.2~1.5 m 时,在埋设位置挖坑至埋设高程,坑底面积约 1 m³。在坑底制备基面,仪器就位后将土分层回填压实。对于水平方向和倾斜方向埋设的压力计,按要求方向在坑底挖槽埋设,槽宽为 2~3倍仪器厚度,槽深为仪器半径。回填方向同上。

（3）压力计埋设后的安全覆盖厚度,一般在土中填筑应不小于 1.2 m。压力计的埋设可采用分散埋设,但间距应不大于 1 m。

（4）接触面压力计的安装埋设:根据已有基面和填筑材料的类型,可采用同样的方法进行埋设,但首先在埋设位置按要求制备基面,然后用水泥砂浆或中细砂将基面垫平,放置压力计,密贴定位后,回填密实。

（5）土压力计组的埋设：依成组土压力计的数量，可采用就地分散埋设法，分散时各土压力计之间的距离不应超过 1 m。其水平向以外的土压力计的定位定向，借助模板或成型体进行。

（6）土压力计连接电缆的敷设及电缆之上的填土，要求在黏性土填方中应不小于 0.5 m。

（二）界面位移计的埋设方法

测定倒虹吸的位移或应变，宜采用坑埋法。对于测定倒虹吸与岸坡交界面切向位移，宜采用表面埋设法。根据需要可单只埋设，也可串联埋设。

（三）测斜仪的测斜管埋设

测斜仪的测斜管埋设的主要技术要求如下：测斜管下端一般应埋入岩基约 2 m 或覆盖层足够伸出，接长管道时，应使导向槽严格对正不得偏扭。每节管道的沉降长度不大于 10～15 cm，当不能满足预估的沉降量时应缩小每节管长。测斜管道的最大倾斜度不得大于 1°。测斜仪的埋设应尽量随倒虹吸体填筑埋设。

（四）渗压计的安装埋设要求

渗压计用于观测土体内的渗透水压力，安装前埋设时应做好以下准备工作：

（1）仪器室内处理。仪器检验合格后取下透水石，在钢膜片上涂一层防锈油，按需要长度接好电缆。

（2）将渗压计放入水中浸泡 2 h 以上，使其充分饱和，排除透水面中的气泡。

（3）用饱和细砂袋将测头包好，确保渗压计进口通畅，并继续浸入水中。

（4）土料填筑过程中埋设渗压计的要点：土料填筑过程中超过仪器埋设高程 0.5 m 后，暂停填筑，测量并放出仪器的位置，以仪器点为中心，人工挖出长×宽×深为 1 m×0.8 m×0.5 m 的坑，在坑底用与渗压计直径相同的前端呈锥形的铁棒打入土层中，深度与仪器长度一样。拔出铁棒后，将仪器取出，读一个初始读数，做好记录，然后将仪器迅速插入孔内，但不得用铁锤打，只能用手压。将仪器全部压入孔中，再把仪器末端电缆盘成一圈，其余电缆从挖好的电缆沟向观测站引去，分层填土夯实。

（5）在土方填筑体的基岩面上埋设渗压计，也可采用坑埋方法。当土石料填筑高于仪器埋设处 0.5～1.0 m 时，暂停填筑。测量人员按设计要求测出仪器埋设位置，挖出周围 50 cm 内的填土，露出基岩。在底部铺上 20～30 cm 厚的砂，浇水使砂饱和，在上面填土并分层夯实。电缆线从已挖好的电缆沟引到观测缝。电缆间距宽 0.5 m，深 0.5 m，电缆线之间相互平行排列，呈 S 形向前引，而后分层填土夯实。

（6）测压管的安装埋设：在倒虹吸管身段安装测压管，一般均使用钻孔埋设法，也可使用随填筑升高不断接长测压管的埋设方法。采用该方法埋设在每次加长测压管时，必须保证接头处不渗水。在进水管测头段，处理方法与单管测量相同，测压管安装、封孔完毕后，需进行灵敏度试验，检验的方法采用注水试验法。一般试验前先测定管中水位，然后向管内注入清水。若进水段周围为壤土料，注水量相当于每米测压管容积的 3～5 倍。若为砂砾料则为 5～10 倍。注入水后不断观测水位的变化，直至恢复到接近注水前的水位。对于黏壤土，注水位于昼夜内降至原水位，为灵敏度合格。对于砂壤土，昼夜内降至原水位为灵敏度合格，对于砂砾土 1～2 h 降至原水位或注入后水位升高不到 3～5 m 为合格。

八、安全监测电缆走线的一般要求

（1）施工期电缆临时走线应根据现场条件,采取相应敷设方法,并加注标志。还应注意保护,选好临时观测站的位置,尤其在条件十分恶劣的地下工程施工中,监测电缆的保护需要有切实可靠的措施。

（2）电缆走线敷设时,应严格按照电缆走线设计图和技术规范施工,尽可能减少电缆接头。遇有特殊情况需要更改时,应以设计修改通知为依据。

（3）在电缆走线的线路上,应设置警告标志。尤其是暗埋线,应对准确的暗线位置和范围埋设明显标志。设专人监测电缆,进行日常维护,并健全维护制度,树立破坏观测电缆是违法行为的意识。

（4）电缆在通过施工缝时,应有 5 ~ 10 cm 的弯曲长度。穿越阻水设施时,应单根平行排列,间距 2 cm,均应加水环或阻水材料回填。在倒虹吸回填土内走线时,应严防电缆线路成为渗水通道。在填筑过程中,电缆随着填筑体升高垂直向上引伸时,可采用立管引伸。管外填料压实后,将立管提升,管内电缆周围用相应的填料填实。

（5）电缆敷设明线的技术要求。

①裸线敷设。当电缆线路上的环境较好、没有损坏、走线距离较短、根数较少时,引导裸线扎成束,悬挂或托架走线。悬挂的撑点间距视电缆质量和强度而定。一般不大于 2 m,每个撑点处不得使用细线直接绑扎来固定电缆。电缆较多时,可采用托盘。

②缠裹敷设。当电缆线路上环境较好、电缆的数量较大时,一般均可采用将电缆缠裹成束敷设。条件许可时,均应悬挂或托架走线。

缠线的材料以防水、绝缘的塑料袋为宜。电缆应理顺,不得相互交绕。一般在电缆束内复加加强缆,加强缆应耐腐。

悬挂走线的撑点间距视电缆束质量而定,质量较大时,应设连续托架。

③套护管敷设。户外走线或户内条件不佳时,需要将电缆束套上护管敷设。护管一般为钢管、PVC 管或硬塑管。

④监测电缆暗线敷设。暗线敷设是常用的方法,在倒虹吸填筑体内走线穿越,避免干扰等均要采用暗线。其具体要求如下:

a. 堤线敷设。在土方填筑过程中埋设的仪器、观测电缆均要直接埋入填筑体内。敷设时,电缆有裸体的也有缠裹的。走线时,在设计路线上,在已经压实的土体上挖槽埋线,土体埋深不得小于 5% ~ 15%,在变形较大的填筑体内,电缆应呈 S 形敷设。

b. 埋管穿线敷设。埋管穿线一般在观测电缆走线与工程交叉时进行,需要在先期工程中沿线路预埋走线管,待观测电缆形成之后,再穿管敷设,预埋穿线管时,管径应大于电缆束直径 4 ~8 cm。管壁光滑平顺,管内无积水,转弯角度大于 10°时,应设接线坑断开,坑的尺寸不得小于 50 cm × 50 cm × 50 cm。穿线敷设时,电缆应理顺,不得相互交绕,绑成裸体束或缠裹塑料膜,穿线根数多时,束中应加加强缆,线束涂以滑石粉。

c. 钻孔穿线敷设。线路穿越岩体或已有建筑物时,需要钻孔穿线敷设。具体要求与埋管穿线相同。注意钻孔应冲洗干净,电缆应缠裹,避免电缆护套损坏。

d.电缆沟槽走线敷设。电缆数量较大或有特殊要求时,可修建电缆沟或电缆槽进行走线敷设,也可利用对监测电缆使用无影响的已有电缆沟走线。在沟内敷设时,需要有电缆托架,在槽内敷设时,槽内不得有积水,应考虑排水设施,沟槽上盖要有足够强度,严防损坏,砸断电缆。室外电缆沟槽的上盖应锁定。

第六节 河南省水利第一工程局项目部安全监测的技术要求

南水北调中线工程郑州1—1标河南省水利第一工程局项目部贾鲁河及贾峪河倒虹吸的监测项目的具体情况下。

一、贾峪河渠道倒虹吸监测项目

(一)变形监测

(1)总干渠和倒虹吸交叉段垂直位移监测。

(2)倒虹吸管身段变形监测。

①倒虹吸两侧主干渠不均匀沉陷监测。

②倒虹吸管身沉降监测。

③施工期基坑开挖边坡变形监测。

(3)进出口连接段变形监测。

(二)水压力监测

(1)倒虹吸底板挤压力监测。

(2)倒虹吸管外水压力监测。

(3)倒虹吸左右侧墙水压力监测。

(三)应力、应变监测

(1)倒虹吸管身段监测。

(2)倒虹吸管结构应力监测。

(3)倒虹吸管裂缝监测。

(4)倒虹吸管的温度监测。

(5)倒虹吸管土压力监测。

(四)河床冲淤监测

河床冲淤监测根据具体工程要求及河床实际条件而定。

二、贾鲁河河道倒虹吸监测项目

贾鲁河河道倒虹吸监测项目中变形监测、水压力监测、应力应变监测同本节一中项目。下面具体介绍河床冲淤监测。

南水北调中线工程河南省水利第一工程局郑州1—1标共有贾鲁河及贾峪河两座较大的倒虹吸建筑物,其各自的基础中设计所需的安全监测仪器有渗压计、水平固定测斜仪、土压力计、应变计、无应力计、钢筋计、界面变位计、埋入式测缝计、水尺等9种,其各种设备安装的埋设技术要求如下。

（一）渗压计仪器的安装要求

（1）安装前取下仪器端部的透水石，在钢膜片上涂一层黄油或凡士林，以防生锈。

（2）安装前需将渗压计在水中浸2 h以上，使其达到饱和状态，再在测头上包装有干净中砂的砂袋，使仪器进水口通畅，防止水泥浆进入渗压计内部。

（3）渗压计安装前应测读初始读数，安装后按照规定频率测读。

（二）水平固定测斜仪的安装要求

（1）管轴线应尽量保持水平。

（2）一对槽的方向应尽量垂直管身，偏斜不超过1°。检查合格后，方可使用混凝土包封。

（3）传感器上方用人工回填1 m厚回填料，方可使用机械碾压。

（三）土压力计的安装要求

（1）在土压力计的埋设位置，在基础地面用素混凝土垫层铺设，使受力面平整，均匀密实。

（2）将土压力计的承压面转向受力方向，并保证承压面与埋设面紧贴。

（3）拌和水泥砂浆（速凝）或环氧砂浆，将它们拌在表面上，然后将土压力计压进水泥砂浆中，使多余的水泥砂浆挤出土压力计的边缘，按住土压力计不动，直到水泥砂浆凝固。

（4）避免用粒径大于1 mm石子的细颗粒回填料覆盖。

（四）应变计的安装技术要求

应变计埋设安装时应严格控制方向，其角度误差不得超过±1°。

（五）无应力计的安装要求

（1）无应力计埋设前，先将无应力计筒内放置的应变计用细钢丝固定在无应力计筒内的中心位置上，无应力计筒口朝上。

（2）待仓内混凝土浇到仪器高时，用人工将仪器埋设断面的混凝土（去掉大骨粒）细心填入无应力计筒内，并填满。回填过程中，应保持应变计的位置，用人工振捣使混凝土密实。

（3）然后将无应力计筒固定在埋设位置，在其上部覆盖混凝土时，在半径100 cm范围内强力振捣。

（六）钢筋计的安装埋设要求

（1）钢筋计应与所测钢筋的直径相匹配。

（2）钢筋计安装埋设时，将监测部位的钢筋按钢筋计的长度拨开，然后将钢筋计对焊在相应位置的钢筋上，保证钢筋计与钢筋在同一轴线上。

（3）焊接时，要求焊缝强度不低于钢筋强度。机械连接时，采用直螺纹接头。

（七）界面变位计的安装要求

（1）界面变位计的安装要紧随倒虹吸回填土碾压进行，一般应在填筑到安装高程以上0.2 m后，挖槽安装。

（2）安装时，一般应将仪器预拉3 cm。

（八）埋入式测缝计的安装要求

（1）将测缝计底座内塞满油麻丝，避免浇筑时混凝土进入测缝计底座内。

(2)将充满油麻丝的测缝计底座浇入混凝土内,取出油麻丝并将底座擦洗干净,再将测缝计旋入底座内。

(3)浇筑混凝土时,应采用人工振捣。

(4)埋入式测缝计安装前应读取初始读数,安装后按照标书规定的频率测读。

(九)水尺的安装要求

(1)用水准仪和钢尺进行放样,标出主要控制点高程。

(2)用瓷性漆或者公路漆进行喷漆,并醒目标明各控制点高程。

(3)刻度精确到 cm。

(十)电缆安装的技术要求

(1)电缆垂直向上引时,应使电缆保持松弛状态,逐层夯实。

(2)在电缆沟内埋设电缆时,应保持电缆松弛且回填夯实。

(3)仪器电缆敷设后应立即进行通电测试。

第七节 安全监测仪器安装埋设后的工作

为了便于对倒虹吸安全监测仪器的维护管理和对监测资料的整理分析,对工程安全作出准确的评价,使观测资料发挥应有的作用,仪器安装埋设后,必须做好下列各项工作。

一、仪器安装埋设记录

仪器安装埋设记录应贯穿在全过程中,记录应包括下列内容。

(一)准备工作记录内容

(1)技术资料记录;

(2)技术培训情况;

(3)现场调查记录;

(4)设备仪器检查记录;

(5)电缆连线及仪器组装记录;

(6)仪器编号记录;

(7)土建施工记录。

(二)仪器安装埋设记录内容

(1)工程名称与项目名称;

(2)仪器类型、型号;

(3)位置、坐标和高程;

(4)安装日期和时间;

(5)天气、温度、降雨及风速状况;

(6)安装期周围的施工状况;

(7)安装过程中的安装记录、方法、材料和检测记录;

(8)结构的平、剖面图,显示仪器的安装、仪器的位置、电缆位置、电缆接头位置以及安装过程中使用的材料;

(9)安装期间的照片、录像,仪器埋设前的情况;

(10)安装期间的调试及测试数据。

(三)监测中电缆走线记录

(1)电缆编号(仪器号);

(2)电缆类型、型号、规格;

(3)电缆接头数量、位置;

(4)敷设方法:线路辅助设施结构;

(5)敷设过程中的监测记录;

(6)敷设前后的照片、录像;

(7)电缆线路线。

(四)工程施工记录

(1)填筑工程包括工程部位、施工方法、填筑厚度、起止时间、温度、填料特性、材料配合比、气象条件;

(2)开挖工程:包括工程部位、施工方法、开挖动态图、爆破参数、支护方式与时间、地质描述;

(3)试验与检验记录。

二、编写仪器安装竣工报告

(一)资料收集与整理

需要收集与整理的资料包括工程资料、观测设计资料及仪器出厂资料和率定资料,以及仪器安装埋设记录,并绘制仪器安装埋设竣工图(单只仪器考证图表及仪器总体分部图)与仪器安装埋设后初始状态图表。

(二)报告内容

(1)单只仪器安装工作报告内容:①观测项目;②仪器类型、型号;③仪器位置、高程;④安装埋设时间;⑤土建工程情况;⑥仪器安装、埋设状态图(平面、剖面图);⑦仪器率定情况;⑧仪器组装与检测;⑨仪器安装埋设与检测;⑩仪器初始状态检测;⑪验收情况。

(2)仪器安装埋设竣工总报告的内容:①安全监测工程设计概况;②监测工程施工组织设计概述;③仪器设备选型、仪器装置图及仪器性能明细表;④安装率定和监测方法说明,含各项率定结果统计表;⑤土建施工情况;⑥仪器安装埋设竣工图、状态统计表及文字说明;⑦仪器初始状态及观测基准值。

三、仪器安装埋设后的管理

(一)建立仪器档案

仪器档案的内容一般包括名称、生产厂家、出厂编号、规格、型号、附件名称及数量、合格证书;使用说明书、出厂率定值资料,购置高度及日期、设计编号及使用日期、使用人员、现场检验率定资料、安装埋设考证图表、问题及处理情况、验收情况等。

(二)仪器设备的维护管理

(1)建立维护观测组织;

（2）编制维护观测制度；

（3）编制维护观测的技术规程。

四、监测组织与仪器的管理

（一）监测组织的要求

（1）监测组织必须实行岗位责任制，认真执行各项有关规程、规范和工作细则，确保资料整编、分析及时，成果真实准确，符合精度要求。

（2）根据监测任务，必须配备具有相应的工程技术和检测经验的专职人员，并尽量保持人员固定。

（3）监测组织必须为观测人员创造工作条件并配备必要的安全劳动保护用品。

（二）监测仪器、仪表的管理应注意的事项

（1）仪器、仪表在运输和使用过程中，必须轻拿轻放，确保平稳放置，不受挤压、撞击或剧烈颠簸振动。使用时应严格依照厂家提供的使用说明书和注意事项。

（2）除埋设在倒虹吸建筑物内部的仪器外，各项仪器、仪表均应设置在通风、干燥、平稳、牢固的地方，并应注意防尘、防潮，对于温度不适宜的时段，应设置温控措施。

（3）各项仪器、仪表应定期进行保养、率定、校正，用电仪表应定期通电检验。

（4）观测中发现异常测值时，在进行复测前，应检查仪器、仪表是否正常，使用方法是否有错误。

（5）仪器、仪表使用后应进行保养、维护，入水观测的仪具必须擦净、晾干并涂必要的防护油。

（6）经常使用的仪器、仪表必须配置备件。

（三）监测设备、设施的管理

（1）所有基点和观测点都应有考证表，并绘制总体布置图，水准基点应定期校测。当附近发生引起较大变形的地震时，应重新引测校核，表面基点和测点都应有相应的保护罩，在工作基点处宜修建观测室。

（2）电缆观测设备应定期检查接线是否牢固，电触点是否灵敏，是否有断线、漏电现象，防雷设施是否正常，接地电阻是否合格，电缆是否有浸水、老化、损坏，并及时修复改善，必要时更换新件。

（3）设置在现场的所有监测设备、设施都应在其适当位置明显标出编号，并应经常或定期进行检查维护，如发现破损应及时修复。

（4）应及时清除影响测值的一切障碍物。量水堰应及时清理堰板和清除上下游水槽内的水草、杂物。

测压管淤积厚度超过透水段长度的 1/3 时，应进行清淤，经分析确认副作用不大时，也可采用压力水或压力气冲淤。

（5）现场自动化监测设施或集中遥测的观测站，应保持各种仪器设备正常运转的工作条件和环境。

（6）为保护安全监测人员在高空、水面、坑道、竖井、陡崖、窄道、临水边墙等处安全操作和通行所设置和配置的护栏、保险绳、安全带、安全帽等，应经常检查、维护或更新。

参 考 文 献

[1] 靳祥升. 水利工程测量[M]. 郑州:黄河水利出版社,2006.

[2] 中华人民共和国国家经济贸易委员会. DL/T 5169—2002 水工混凝土钢筋施工规范[S]. 合肥:安徽科学技术出版社,2003.

[3] 中华人民共和国国家质量检验检疫总局,中国国家标准化委员会. GB 175—2007 通用硅酸盐水泥[S]. 北京:中国标准出版社,2008.

[4] 中华人民共和国国家质量检验检疫总局,中华人民共和国建设部. GB 50026—2007 工程测量规范. 北京:中国计划出版社,2008.